Peter Lehmann - Klaus Freyburger - Andreas Seufert -
Wolfgang Zirn - Sven Grasse - Christian Suhl

Modellierung und Reporting mit SAP BW

> Detaillierte Einführung
> Praxisorientierte Funktionalitäten
> Umfassende Fallstudie Step-by-Step

Die Deutsche Bibliothek- CIP-Einheitsaufnahme

Lehmann, Peter; Freyburger, Klaus; Seufert, Andreas;
Zirn, Wolfgang; Grasse, Sven; Suhl, Christian
Modellierung und Reporting mit SAP© BW
Stuttgart, Steinbeis Edition 2005
ISBN 3-938062-17-7

Steinbeis-Edition
ein Verlag der Steinbeis GmbH & Co. KG
für Technologietransfer Stuttgart
Willi-Bleicher-Str. 19
70174 Stuttgart
www.steinbeis-edition.de

Herausgeber:
Institut für Business Intelligence - www.i-bi.de
SAP (Schweiz) AG - www.sap.ch

Grafik: giraffo gmbh agentur für konzeption & kommunikation
Druck: Books on Demand GmbH

Inhaltsverzeichnis

Vorwort

Das SAP® Business Information Warehouse (SAP BW) nimmt eine führende Stellung unter der Software für Managementinformationssysteme ein. Neben der Funktion als Plattform für die Sammlung der betriebswirtschaftlichen Grunddaten gewinnt das SAP BW zunehmend an Bedeutung als Infrastruktur für analytische Applikationen. Die Schwerpunkte dieses Buches liegen einerseits auf dem Vorgehen zur Modellierung eines Systems und andererseits auf den Funktionen zur Analyse und dem Reporting der Daten.

Wir möchten dem Leser die Grundlagen über multi-dimensionale Informationssysteme vermitteln sowie einen Überblick über die Funktionsweise des SAP BW geben. Dieses Buch erhebt nicht den Anspruch ein wissenschaftliches Lehrbuch zu sein, noch kann es auf alle Details und Feinheiten einer komplexen Softwarelösung eingehen. Dennoch denken wir, dass der Leser mit Durcharbeitung des Buches ein tiefes Verständnis über die Einsatzmöglichkeiten und die grundsätzliche Wirkungsweise eines OLAP-Systems erwerben wird. Zu diesem Zweck liegt der Fokus des Buches auf der Administrator Workbench als Modellierungsumgebung, den Möglichkeiten zur Durchführung von Datenanalyse und den Reportingfunktionen mit der SAP BW Business Explorer Suite.

Unserer Zielsetzung folgend haben wir einen Zugang zur Thematik gewählt, der sich von anderen Publikationen über SAP BW unterscheidet: wir werden die Funktionalitäten der Software anhand einer umfassenden Fallstudie zur Absatz-/Umsatzanalyse schrittweise einführen. Nach unserer Auffassung erleichtert dies den Transfer von der betriebswirtschaftlichen Fragestellung zum Anwendungsmodell des OLAP-Systems. Das Buch richtet sich an alle, die sich schnell, umfassend und praxisnah über das SAP BW informieren möchten und damit insbesondere an Entscheidungsträger, Berater, Projektmitarbeiter und nicht zuletzt an Dozenten und Studenten von Universitäten und Fachhochschulen.

Die Erstellung dieses Buches wäre ohne die sehr engagierte Mitarbeit von Hr. Sören Laub und Hr. Michael Fuhrmann nicht möglich gewesen, bei ihnen möchten wir uns daher an dieser Stelle bedanken.

Stuttgart, Ludwigshafen, Zürich im Juli 2005

1 Einleitung

Dieses Buch ist wie folgt aufgebaut:

Das **Kapitel 1** gibt allgemeine Hinweise zur Durchführung der Fallstudie auf einem SAP BW-System. **Kapitel 2** behandelt die notwendigen, fachlichen Grundlagen, die für das weitere Verständnis notwendig sind. Dabei gilt das Prinzip: so viel wie nötig, so wenig wie möglich. Das Vorgehen zur multi-dimensionalen Modellierung ist Bestandteil von **Kapitel 3**. Dabei wird anhand einer Fallstudie die Erstellung eines Datenmodells ausgehend von der Informationsbedarfsanalyse gezeigt. Dem Übergang des semantischen Datenmodells zum logischen Datenmodell einer relationalen Datenbank ist Inhalt von **Kapitel 4**. Die Architektur des SAP Business Information Warehouse wird in **Kapitel 5** beschreiben. Danach erfolgt die schrittweise Implementierung unseres semantischen Datenmodells mit der Administrator Workbench des SAP BW. Einen Ausblick auf die Unternehmensplanung mit SAP BW BPS 3.5 findet sich im **Kapitel 6.**

Einige Hinweise:

Systemtechnik:

- wir verwendeten die Version SAP BW 3.5 IDES mit dem Support Package 013.
- als Frontend diente uns der SAP GUI 6.40 für MS-Windows mit dem Patch Level 011
- der Zugriff auf das SAP BW erfolgt mit dem SAP BW BEx Analyser 3.5 mit dem Patch Level 5.

Wir haben auf unserer WebSite **www.i-bi.de** einen Verweis zu einer WebSite für diese Fallstudie angelegt. Dort findet man zusätzliche, aktuelle Hinweise zur Durchführung der Fallstudie sowie die Daten als csv-Dateien. Die Hinweise auf der WebSite sind primär für Dozenten an Universitäten und Fachhochschulen gedacht, die diese Fallstudie zu Lehrzwecken nutzen möchten. Dort finden sich auch Dokumente zur Vorbereitung der Fallstudie sowie ein Dokument zur Erstellung von Berechtigungsprofilen, auf die wir besonders die Nutzer eines SAP BW-Systems an einem **SAP Hochschul-Competence-Center** hinweisen möchten. Da dort mehrere Institutionen ein System gemeinsam verwenden, ist die Abgrenzung der

Arbeitbereiche über Namensräume unbedingt notwendig. Die Berechtigungsprofile bieten dazu eine zusätzliche Sicherheit.

Support: www.i-bi.de
Einen First-Level-Support können wir aus Zeitgründen leider nicht geben. Fehlerhinweise oder Ratschläge nehmen wir natürlich gerne per email entgegen. Die email-Adressen finden sich ebenfalls auf unserer WebSite.

Die Online-Hilfe zum SAP BW befindet sich unter **help.sap.com.**

2 BI-basiertes Unternehmensreporting

Ein typisches Szenario:
Es ist 10 Uhr morgens, und Sie müssen jetzt eine Entscheidung treffen, die erheblichen Einfluss auf Ihre Produkt- und Verkaufsstrategie der nächsten Monate hat. Sie wissen, dass die benötigten Informationen irgendwo in den verschiedensten Informationssystemen zu finden sind, auf die Sie mit Ihrem PC zugreifen können. Sie wissen aber auch, dass Sie keine Möglichkeiten haben, diese Informationen in der verbleibenden Zeit zu sammeln und in Zusammenhang zu bringen. Trotz aller Investitionen in Hardware, Software, Netzwerke und Betriebssysteme werden nicht die Informationen geliefert, die wirklich zur Entscheidungsfindung erforderlich sind.

Der Grund hierfür ist, dass die meisten Datenbestände in einem Unternehmen darauf ausgerichtet sind, den Ansprüchen der operativen Systeme zu genügen, die den reibungslosen Ablauf des Tagesgeschäftes ermöglichen.

Zur Erreichung der Ziele werden die benötigten Informationen aus vielen operativen Datenquellen benötigt, damit sie ein ganzheitliches Bild des Unternehmens geben.

Wir verwenden dieses Beispiel um zunächst in die betriebswirtschaftlichen und technologischen Grundlagen zum Thema "Business Intelligence" einzuführen. Danach werden wir ein betriebliches Lösungsszenario auf Basis eines Data Warehouse schrittweise implementieren. Dabei verwenden wir das SAP Business Information Warehouse.

2.1 Betriebswirtschaftliche Grundlagen

Wir betrachten zunächst die aktuelle Situation in den Unternehmen, die Bedeutung entscheidungsunterstützender Systeme, deren Nutzenpotentiale und deren kritischen Erfolgsfaktoren.

2.1.1 Status Quo

Wie ist die Situation in den Unternehmen heute? Betrachten wir die Situation aus Sicht des Wettbewerbs, des sich ständig wandelnden Marktes und die Änderungen der Benutzergruppen.

Wettbewerbs-vorteile

Auf der Suche nach **neuen Wettbewerbsvorteilen** nimmt die Informations-technologie eine Schlüsselposition ein, denn sie dient nicht mehr nur der

Sammlung und dem Austausch von Daten, sondern in verstärktem Maße auch der systematischen und schnellen Beschaffung, Verwaltung, Bereitstellung und Interpretation von Informationen [Biethahn/Mucksch/Ruf (1996), S. 133]. Sie kann in allen Phasen strategischer Entscheidungsprozesse zum Wettbewerbsfaktor werden, wenn es dem Unternehmen gelingt, die **kritischen Erfolgsfaktoren angemessen zu gestalten** [Behme/Mucksch (1997), S. 5]. Um unternehmensinterne- und externe **Veränderungen frühzeitig erkennen** und eventuell sogar prognostizieren zu können, müssen den Entscheidungsträgern aller Unternehmensbereiche zum richtigen Zeitpunkt alle relevanten Daten und Informationen zur Verfügung stehen.

Wandel des Marktes

Neben der Wettbewerbssituation wandelt sich der Verkäufer- zu einem Käufermarkt und damit wächst der Einfluss des Kunden auf die Produktion. Die Kunden erwarten qualitativ hochwertige Produkte, gekoppelt mit Verbesserungen im Bestell-, Lager-, Transport-, Versand- und Abnahmeservice. Diese Leistungen müssen in ihren geschäfts- und prozessrelevanten Dimensionen analysierbar sein. Für diese serviceorientierten Leistungen können keine vollständigen vorherbestimmten DV-Lösungen erarbeitet werden, so dass auch hier neue Anforderungen an eine neue Art von Informationstechnologie entstehen [Strotz/Müller (1998), S. 202].

Wandel der Benutzer

Diese Veränderungen führt zur Forderung nach „Informationen on demand" und „ready to use", damit die Lücken in der Informationsversorgung zeitnah geschlossen und das Potential der Informationstechnologie effektiv genutzt werden kann. Insbesondere in neuen Organisationsstrukturen mit reduzierten Hierarchien, in denen Entscheidungskompetenz nach „unten" verlagert wird, müssen die Mitarbeiter aller Ebenen in die Lage versetzt werden, Informationen aus unterschiedlichsten Quellen selbständig zu extrahieren, zu transformieren (verdichten, verknüpfen, redaktionell aufbereiten), und zu analysieren (vergleichen und bewerten).

Entsprechend ihrem Aufgabengebiet lassen sich heute folgende Benutzergruppen klassifizieren [vgl. Behme/Mucksch (1997), S. 11f; vgl. Rautenstrauch (1997), S. 14f]:

- **Führungskräfte**: Sie benötigen für strategische Entscheidungen Informationen über Zusammenhänge etwa zwischen Markt und Leistungsangebot. Für Koordinations- und Steuerungsaufgaben müssen ihnen Standard- und Ausnahmeberichte mit Statistiken, Kennzahlen, etc. sofort und flexibel zur Verfügung stehen.

- **Entscheidungsvorbereiter**: Diese Benutzergruppe umfasst alle Aufgaben der Entscheidungsvorbereitung. Beispielsweise untersuchen Marktforscher vorhandene und neue Geschäftsfelder mit Hilfe der Datenanalyse; sogenannte Business Analysts ermitteln verborgene Zusammenhänge in Daten und leiten daraus Empfehlungen für Executives ab.
- **Fachkräfte**: Ihr Aufgabenbereich umfasst Tätigkeiten in der Planung und Steuerung von (Teil-) Geschäftsprozessen im Unternehmen. Ihr Aufgabenbereich umfasst alle Aufgaben, für die ein hohes Maß an fachlicher Qualifikation und Sachkompetenz erforderlich ist.
- **Sachbearbeiter**: Sie verarbeiten im operativen Tagesgeschehen Detailinformationen über Geschäftsobjekte, deren Entwicklung über die Zeit, über Geschäftsprozesse sowie deren Kosten und Ressourcen.
- **Unterstützer**: Ihr Aufgabenbereich umfasst untergeordnete Aufgaben zur Unterstützung des operativen Betriebs.

2.1.2 Effiziente und effektive Informationsversorgung

Für eine effiziente und effektive Informationsversorgung ist es notwendig, die bestehenden DV-Landschaften um ein eigenständiges Unterstützungssystem für die Planungs- und Entscheidungsebene zu erweitern. Als zentrale Komponente einer solchen Erweiterung wird in vielen Unternehmen ein **Data Warehouse** eingeführt.

Merke:
Mit dem Begriff **Data Warehouse** wird eine von den operativen DV-Systemen isolierte Datenbank umschrieben, die als unternehmensweite Datenbasis für das gesamte Spektrum entscheidungsunterstützender Informationssysteme dient [Mucksch/Holthuis/Reiser (1996), S. 10].

2.1.3 Nutzenpotentiale

Die Einführung eines Data Warehouse stellt für ein Unternehmen ein Investitionsvolumen dar, das sich aus den Anschaffungskosten für die benötigte Hardware und Software sowie aus Kosten für eigenes Personal und externe Beraterleistungen zusammensetzt, die bei einer Projektdauer von einigen Monaten bis zu mehreren Jahren nicht unerheblich sind.

Die Entscheidung über die Einführung eines Data Warehouse erfolgt häufig nach strategischen Gesichtspunkten, da die folgenden Nutzenpotentiale des Data-Warehouse-Konzepts zur Erreichung strategischer Unternehmensziele beitragen können [vgl. Inmon (1993a), S. 63f].

Besser entscheiden

Bessere Entscheidungen aufgrund effizienterer Informationsversorgung: Das Data Warehouse legt den Grundstein, dass Mitarbeiter aller Ebenen, z. B. Vorstand, Führungskräfte und Sachbearbeiter, schnell und problemlos auf Informationen zugreifen können, die sie als Entscheidungsunterstützung benötigen. Ein Data Warehouse verbessert die Informationsbereitstellung für die Entscheidungsträger in qualitativer, quantitativer und zeitlicher Hinsicht (vgl. nachstehende Abbildung).

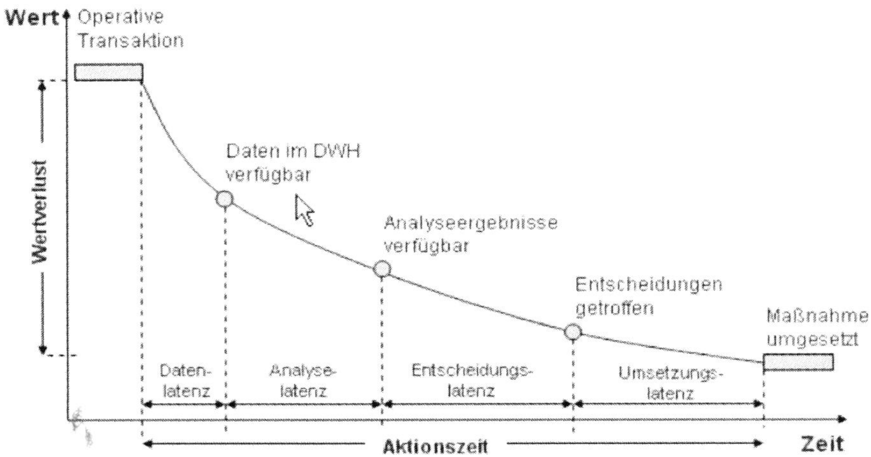

Abb.: Potentiale effizienter Informationsversorgung

Die **Aktionszeit** ist die Zeit, die als der Zeitraum zwischen der Erfassung eines Geschäftsvorfalls (Transaktion) und einer daraus resultierenden Maßnahme definiert ist. Die Aktionszeit setzt sich aus vier zeitlichen Verzögerungen zusammen (Hackathorn 2002, S. 24):

- Die **Datenlatenz** beschreibt den Zeitraum, bis die Daten gefiltert, harmonisiert und aggregiert im Data Warehouse zur Verfügung stehen.
- Die **Analysezeit** ist die Zeitspanne, die benötigt wird, um die Daten in den Analysesystemen für den Endanwender zur Verfügung zu stellen
- Der Endanwender kann nun diese Information aufnehmen und bei Bedarf eine Entscheidung treffen. Die **Entscheidungslatenz** ist häufig eine der umfangreichsten Verzögerungen.
- Auf der Basis der Entscheidungen können nun konkrete Maßnahmen ergriffen werden. Die Dauer bis zur tatsächlichen Umsetzung wird mit

Umsetzungslatenz bezeichnet.

Wettbewerbs-fähigkeit

Erhöhung der Wettbewerbsfähigkeit: Auf Grund der Datenhaltung in einem Data Warehouse über lange Zeiträume lassen sich frühzeitige Trends und deren Ursachen erkennen. Negative Entwicklungen werden somit verhindert bzw. positive Trends forciert, z. B. über Kennzahlen als Frühwarnsystem zur Darstellung von Abweichungen von vordefinierten Schwellwerten [vgl. Petersen (1996), S. 70f]. Potenziale für Produktivitätssteigerungen, Kosteneinsparungen und Optimierung von Geschäftsprozessen ergeben sich auf Grund der Endbenutzerwerkzeuge, die interaktiv zu zielorientierten Informationen führen. Beispiele dafür sind periodische Analysen oder Zeitreihenanalysen, die zu einer Festigung von Marktposition und einer Erhöhung der Wettbewerbsfähigkeit führen [Scheer (1996), S. 74].

Kunden-zufriedenheit

Verbesserung von Kundenservice und -zufriedenheit: Ein Beispiel für die Nutzung des Data Warehouse zur Verbesserung von Kundenservice und -zufriedenheit ist die Einrichtung von Call-Centern, die heute vorwiegend von Unternehmen der Sektoren Dienstleistung und Handel genutzt werden. Im Vordergrund steht hierbei die schnelle, zuverlässige und flexible Erfüllung von Kundenwünschen, wobei der Mitarbeiter des Unternehmens in direktem Kontakt mit dem Kunden steht und die Funktion eines Beraters übernimmt (vgl. Heimann (1996), S. 39f). Data-Warehouse-Systeme beinhalten beispielsweise sämtliche Kundenauftragsdaten aus unterschiedlichsten operativen Systeme, halten diese Daten über einen längeren Zeitraum und erlauben eine direkte Kommunikation mit dem Kunden.

Zusammen-arbeit

Verbesserung der Zusammenarbeit im Unternehmen: In der Vergangenheit war das Verhältnis zwischen Fachabteilungen, Unternehmensleitung und Softwarespezialisten häufig belastet durch unterschiedliche Sichtweisen und gegenseitigem Misstrauen. Mit einem Data-Warehouse-Projekt müssen diese Hürden überwunden werden [Hansen (1997), S. 325].

Integrierte Datenbasis

Integrierte Datenbasis für Entscheidungsunterstützungssysteme: Durch die Nutzung von Daten aus unternehmensweiten und externen Quellen wird es den Entscheidungsträgern ermöglicht, bereichs- und unternehmens-übergreifende, komplexe Zusammenhänge zu erkennen und zu analysieren, ohne die Konsistenz und Qualität der betrachteten Daten sichern zu müssen [Inmon (1994)]. Durch die Trennung von entscheidungsunterstützenden und operativen Daten und Systemen werden Datenanalyseanwendungen mit ihren aufwendigen Abfragen nicht mehr direkt auf die Datenbestände der operativen Anwendungssysteme, sondern auf das Data Warehouse zugreifen. Somit wird die Komplexität der operativen Anwendungen durch die Trennung von den entscheidungsunterstützenden Anwendungen [vgl. Inmon (1993b), S. 76] reduziert.

Schnelles Reporting

Schnelle Abfragen und Reports aufgrund der integrierten Data-Warehouse-Datenbasis: Die Vorverdichtung der Daten in der Data-Warehouse-Datenbasis ermöglicht nicht nur ein Ad-hoc-Reporting, sondern führt auch zu besseren Antwortzeiten im Rahmen von Datenanalyse-Anwendungen. Aufgrund der verfügbaren verschiedenen Aggregationsstufen innerhalb der Datenbasis entfallen beispielsweise häufig wiederkehrende Ermittlungen von Kennzahlen. Die gewünschten Informationen können direkt, d. h. ohne aufwendige Aufbereitungs-, Gruppierungs- und Sortierungsroutinen auf dem Bildschirm des Endbenutzers dargestellt werden.

2.1.4 Kritische Erfolgsfaktoren

Der Erfolg einer Data-Warehouse-Implementierung wird von einer Reihe kritischer Erfolgsfaktoren bestimmt [vgl. Behme/Mucksch (1997), S. 24ff.; vgl. Biethahn/Mucksch/Ruf (1997), S. 17ff.; vgl. Holthuis (1997a), S. 34f].

Datennutzen

Einer sinnvollen **Nutzung von Daten** liegt eine Reihe von Qualitätskriterien zugrunde:

- **Genauigkeit**: Die Daten müssen eine auf das Arbeitsgebiet des Entscheidungsträgers abgestimmte Genauigkeit haben. So sind z. B. im Bereich der Finanzbuchhaltung alle Beträge mit zwei Nachkommastellen zu führen, während im Bereich der Absatzplanung auf größere Einheiten gerundet wird.
- **Vollständigkeit**: Dem Entscheidungsträger müssen vollständige Daten zur Verfügung gestellt werden. Nur so kann verhindert werden, dass aufgrund fehlender Daten falsche Entscheidungen getroffen werden.
- **Zusammenhang**: Daten, die aus ihrem ursprünglichen Umfeld gelöst wurden und mit diesem nicht mehr in Zusammenhang gebracht werden können, stellen für den Entscheidungsträger unsichere Informationen dar.
- **Zugriffsmöglichkeit**: Daten sind für den Entscheidungsträger nur dann nützlich, wenn er einen schnellen Zugriff auf sie hat. Dabei werden unter dem Begriff Zugriffsmöglichkeiten nicht nur die technischen und

organisatorischen Voraussetzungen, sondern auch die Möglichkeiten der Herausfilterung bestimmter Daten aus einem Datenpool zusammengefasst.

- **Flexibilität**: Die gespeicherten Daten müssen form-, manipulier- und transformierbar sein. So ist es beispielsweise nicht ausreichend, die Umsatzzahlen eines vorgegebenen Zeitraums lediglich nach Produktion aufgeschlüsselt zur Verfügung zu stellen. Der Entscheidungsträger muss in die Lage versetzt sein, diese Zahlen entsprechend seinen individuellen Anforderungen nach weiteren Kriterien, wie z. B. Produktgruppen, Absatzkanälen oder frei bestimmbaren Zeiträumen zu gliedern.
- **Zeit- und Zeitraumbezug:** Daten müssen dem Entscheidungsträger zeitgerecht zur Verfügung stehen, da sie bei verspäteter Verfügbarkeit nur einen stark reduzierten oder gar überhaupt keinen Nutzen für eine bestimmte Aufgabenstellung haben können. Werden historische Daten über einen längeren Zeitraum gesammelt, so lassen sich wesentlich differenziertere Trendanalysen durchführen als dies mit den kurzfristigen Daten, wie sie aus operativen Systemen gewonnen werden, möglich wäre. Erst die frühzeitige Erkennung von Trends ermöglicht es Unternehmen, rechtzeitig auf Änderungen in ihrem Umfeld zu reagieren und somit entscheidende Wettbewerbsvorteile gegenüber ihren Konkurrenten zu erzielen.
- **Transportierbarkeit**: Daten, die an einem bestimmten Ort oder ein bestimmtes System gebunden sind, haben für den Entscheidungsträger einen wesentlich geringeren Nutzen als Daten, die transportiert werden können und somit an beliebigen Orten verfügbar sind.
- **Sicherheit**: Daten können für ein Unternehmen Wettbewerbsvorteile gegenüber der Konkurrenz darstellen. Sie sind daher vor unautorisiertem Zugriff zu schützen.

Fachbegriffe

Wenn ein Unternehmen sich mit dem Aufgabenkomplex Data Warehouse beschäftigt, stellt es oft fest, dass die genaue Definition von betriebswirtschaftlichen Begriffen nicht eindeutig ist, d. h. eine Fachabteilung hat oft eine andere Definition eines Begriffes als eine andere Fachabteilung. Beispielsweise kann der Begriff „Auftragsbestand" von den Fachbereichen „Vertrieb" und „Produktion" ohne explizite Erläuterung schnell unterschiedlich gedeutet werden (Lehmann/Ellerau (1997a), S. 84).

Es ist wichtig, sich den Begriffen im Detail zuzuwenden, sie zu untersuchen, ihren Gebrauch in den Anwendungsbereichen zu klären und einheitlich zu regeln. Aussagen sind unscharf, unkorrekt oder widersprüchlich, weil die zugrunde liegenden Begriffe unscharf, unkorrekt oder widersprüchlich sind. Im

Allgemeinen können folgende Begriffsdefekte mit der entsprechenden Behandlungsstrategie auftreten (Ortner (1997), S. 32):

1. **Synonyme** sind unterschiedliche Ausdrücke für einen Sachverhalt. Kunde und Mandant beschreiben beispielsweise dasselbe Verhältnis zum Servicedienstleister. Sie sind nicht grundsätzlich verboten, wenn sie bekannt sind und kontrolliert werden.
2. **Homonyme** sind Wörter, die gleich geschrieben und gesprochen werden, aber eine deutlich andere Bedeutung haben. Homonyme müssen aufgelöst und auf Bezeichnungsebene unterscheidbar gemacht werden. Beispiel: Auftragsbestand aus Vertriebssicht (Kundenauftragsbestand) bzw. Auftragsbestand aus Produktionssicht (Fertigungsauftragsbestand).
3. **Äquipollenzen** sind Begriffe, die einen Sachverhalt aus unterschiedlichen Blickwinkeln darstellen, wie etwa „Lieferant" und „Kreditor", welche in der Regel eine identische Struktur besitzen. Lieferant ist die Beschreibung im Rahmen der Beschaffung, Kreditor dagegen die Sicht der Buchhaltung. Damit an dieser Stelle keine Schwierigkeiten entstehen, müssen zunächst gemeinsam verwendete Begrifflichkeiten festgelegt werden.
4. **Vagheiten** entstehen, wenn inhaltlich keine klare Trennung zwischen den Begriffen erfolgt. Es treten hinsichtlich der Objekte, die unter die Begriffe fallen, Unklarheiten auf. Eine Präzisierung des Inhalts führt zur scharfen Trennung hinsichtlich des Umfangs. Beispiel: Gehören nicht bestätigte Kundenaufträge zum Kundenauftragsbestand?
5. **Falsche Bezeichner:** Begriffe können sich hinsichtlich ihres Inhalts (Bedeutung) mit der Zeit verändern. Weicht diese Veränderung von der „suggerierten" Wortbedeutung des ursprünglichen Begriffes deutlich ab, treten Verständigungsschwierigkeiten zwischen den Benutzern der Begriffe auf. Man muss sich überwinden, die zwar vertrauten, aber nicht mehr adäquaten Bezeichnungen eines Begriffs durch eine bessere zu ersetzen.

Qualität der Daten

Ursache für Fehlentscheidungen sind häufig in der **mangelhaften Qualität der Daten** begründet. Selbst wenn Qualitätseffekte im Prinzip verstanden sind, so macht die schiere Anzahl von Komponenten im Data Warehouse eine manuelle Qualitätskontrolle praktisch unmöglich [vgl. Holthuis (1997a), S. 34f]. Hinzu kommt, dass unterschiedliche Beteiligte unterschiedliche Qualitätspräferenzen haben. Der Administrator einer Datenquelle ist an einer hohen Verfügbarkeit eines Systems interessiert, während ein Entscheidungsträger möglichst aktuelle Informationen verlangen mag.

Werkzeuge

PC-Software stellt sich heute unter einer grafischen Benutzeroberfläche einfach dar. Bildhafte Anwendungsbeispiele, die zur Demonstration der Tools auf Marketing-Veranstaltungen und Seminaren verwendet werden, unterstützen den Eindruck der Einfachheit. Gerade die Kumulation von Verkaufsdaten im Kontext von Zeitperioden, Regionen, Produktgruppen und Produkten stellt sich überzeugend dar, wenn diese Zahlen per Mausklick nicht nur in Tabellen sondern auch in Histogrammen, Kuchendiagrammen usw. abgebildet werden können. Hier ist häufig der Effekt zu beobachten, dass die Fachabteilungen nach solchen Eindrücken euphorisch Software-Werkzeuge einkaufen, damit in ihr Unternehmen gehen und dann vom Realitätsschock getroffen werden. Die Realität lehrt sie nämlich, dass es ein weiter Weg vom Demonstrationsbeispiel zum betriebswirtschaftlichen Einsatz im konkreten Unternehmenskontext ist. „Anschaffen und Loslegen" ist das Konzept für den Weg ins Chaos (Hansen (1997), S. 326).

Weitere Risiken

Weitere signifikante Risiken liegen auch außerhalb der Softwaresysteme [vgl. Gabriel (1997), S. 411f.; vgl. Spies (1998), S. 54f.; Pontius (1998), S. 25; Gertz (1998), S. 47], so z. B.

- im vorhandenen Desinteresse und in der fehlenden Motivation der Führungs- und Fachkräfte,
- in der fehlenden Qualifikation der Personen, die das System entwickeln (Systementwickler, Software Engineer), warten und pflegen (Systemverwalter) und schließlich nutzen (Führungs- und Fachkräfte),
- in der nicht vorhandenen Akzeptanz und im fehlenden Vertrauen der Benutzer,
- in der ungeeigneten Organisationsstruktur (Auf- und Ablauforganisation) innerhalb des Unternehmens bzw. auf der Ebene der Führungs- und Fachkräfte,
- in der nicht geeigneten Aufgaben- und Problemstruktur im Anwendungsbereich,
- im Fehlen geeigneter Modelle und Methoden zur Abbildung und Verarbeitung der Probleme,
- in der fehlenden Nachvollziehbarkeit des Systemeinsatzes und insbesondere in der mangelhaften Interpretationsmöglichkeit der gewonnenen Ergebnisse,
- in einer falschen Einschätzung der Hard- und Software-Technologien,
- in einer nicht geeigneten Technologieinfrastruktur, z. B. fehlende leistungsfähige Hardware- bzw. Netzstrukturen.

2.2 Begriffliche Grundlagen

Wir führen in diesem Kapitel die wichtigen Begriffe "Business Intelligence",

"Data Warehouse" und "OLAP" ein.

2.2.1 Business Intelligence

Der Begriff "Business Intelligence" hat sich vom Modethema der letzten Jahre zu einem Markt hin entwickelt, der immer mehr an Bedeutung gewinnt. Übersetzt man "Intelligence" mit "Einsicht, Nachricht, Aufklärung", so handelt sich bei Business Intelligence um einen Prozess, der eine bessere Einsicht in das Unternehmen, sowie auf Wirkungsketten geben soll.

Definition: Business Intelligence
Unter "Business Intelligence" verstehen wir die Integration von Strategien, Prozessen und Technologien, um aus verteilten und inhomogenen Unternehmens-, Markt- und Wettbewerberdaten erfolgskritisches Wissen über Status, Potentiale und Perspektiven zu erzeugen.

Im Zentrum von Business Intelligence steht also ein Prozess, um eine zeitnahe Versorgung betrieblicher Entscheidungsträger mit relevanten Informationen für Analyse- und Entscheidungszwecke zu ermöglichen. Der Grundgedanke ist dabei die Rückkopplung von Analyseergebnissen in operative und/oder dispositive Systeme. Durch die zusätzlichen Informationen werden die Datenbestände inhaltlich ergänzt und können somit auch andere Entscheidungsträger wirksam unterstützen [Kemper/Mehanna/Unger (2005), S. 87].

Wird dieser Prozess kontinuierlich durchlaufen, entsteht und verändert sich permanent Wissen, auf das sich Unternehmensentscheidungen und Prognosen stützen und damit nicht nur den Unternehmenserfolg, sondern auch die eigene Wettbewerbsposition steigern. Die folgende Abbildung beschreibt, wie durch den Business-Intelligence-Prozess aus Daten ein Mehrwert für das Unternehmen entsteht.

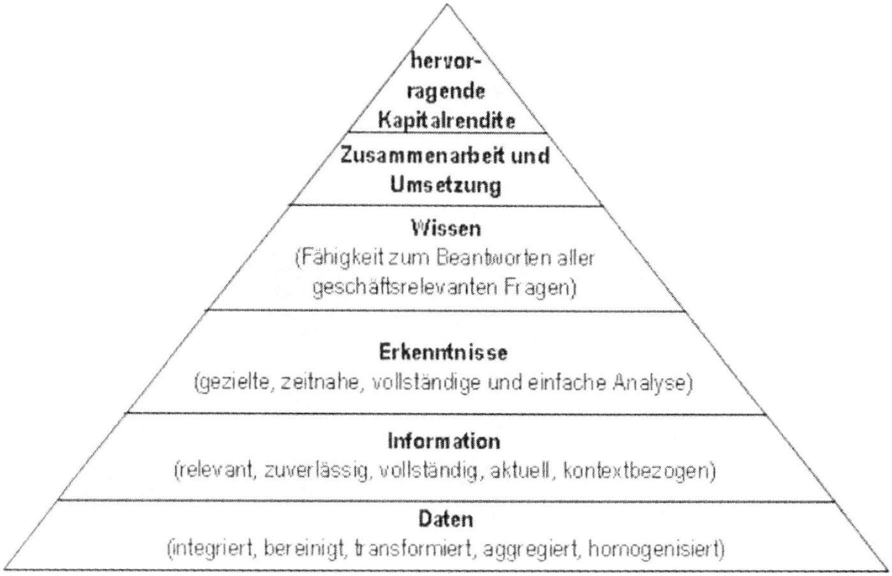

Abb.: wie aus Daten Mehrwert erzeugt wird

Wie die Business-Intelligence-Pyramide zeigt, muss eine entsprechende Lösung alle geschäftlich relevanten Fragen beantworten können, damit sich der Kapitaleinsatz für das Unternehmen lohnt. Diese geschäftlichen Fragen müssen spezifisch für das Unternehmen sein und die jeweiligen geschäftlichen Anforderungen widerspiegeln. Deshalb ist die Fähigkeit, die Struktur eines Unternehmens möglichst detailgetreu abzubilden, ein ausschlaggebender Faktor für Erfolg oder Misserfolg eines Data-Warehousing-Projekts.

Anhand dieser prozess-fokussierten Sichtweise lassen sich drei wesentliche technische Prozessphasen identifizieren, in denen Daten in Wissen umgewandelt werden.

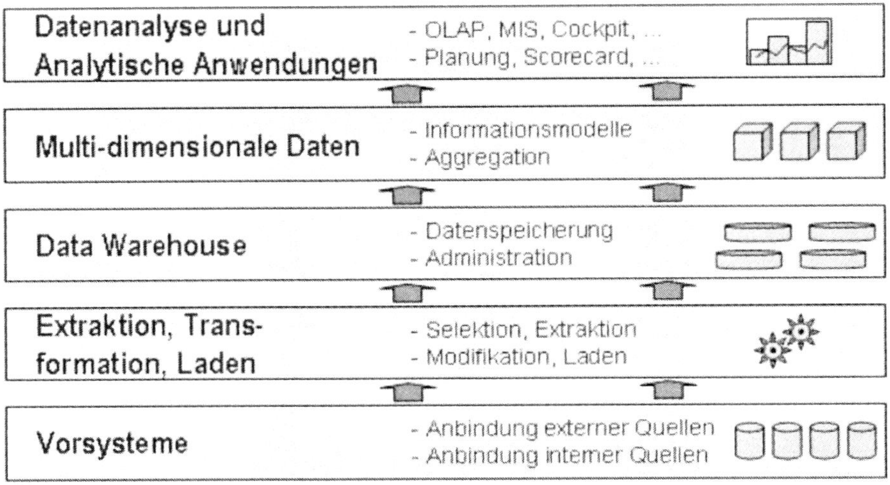

Abb.: technische Prozessphasen

Datenintegration

Im Rahmen der Datenintegration werden die Extraktion von Daten aus Vorsystemen, ihrer Transformation und des Ladens in eine Datenbank (Data Warehouses) adressiert.

Der Prozessschritt Extraktion behandelt die Anbindung der Datenquellen und Überführung der Daten in ein Zwischenlager (Staging Area), in dem anschließende (Daten-) Transformationsschritte ausgeführt werden können.

Im Transformationsprozess werden die aus den Vorsystemen extrahierten Daten verändert, um sowohl logisch/inhaltlich als auch physikalisch/technisch eine Entscheidungsunterstützung zu ermöglichen. Nach dem Durchlaufen der Extraktions- und Transformationsschritte werden die Daten in der Regel periodisch in die Data-Warehouse-Datenbank geladen. Je nach Anwendungsfall kann dies monatlich, täglich oder sogar direkt nach dem Erzeugen von Daten in operativen Vorsystemen (Real-Time) erfolgen.

Datenspeicherung

Die Speicherung entscheidungsrelevanter Daten erfolgt in einer dedizierten Datenbank - dem Data Warehouse. Kernidee ist die Schaffung eines einheitlichen homogenen Datenbestands zur Entscheidungsunterstützung des Managements. Ein wichtiges Merkmal des Data Warehouse ist die Integration von heterogenen, unternehmensinternen sowie -externen, verteilten Daten. Dies betrifft nicht nur die physikalische Zentralisierung der Daten in einen einzigen Datenpool, sondern auch deren betriebswirtschaftlichen Kontext.

Während operative Informationssysteme in der Regel nach den betrieblichen Funktionen ausgerichtet sind (z. B. Materialwirtschaft, Vertrieb und Finanzbuchhaltung), ist ein Data Warehouse themenorientiert nach Objekten (Produkte, Kunden, Märkte etc.) aufgebaut. Man bezeichnet funktions- oder abteilungsspezifisch aufgebaute Sichten auf das Data Warehouse auch als Data Mart.

Datennutzung

Der Aufbau eines Data Warehouse und die Aufbereitung der Daten dient nur einem Zweck: entscheidungsrelevante Informationen darzustellen und weiterzuverarbeiten. Im Vordergrund stehen die unterschiedlichen Bedürfnisse der Anwender.

Damit aus den im Data Warehouse gesammelten Daten geschäftsrelevante Informationen werden, müssen die Daten häufig entsprechend aufbereitet werden. Sowohl hinsichtlich zu erfüllender Aufgaben als auch abhängig vom Anwenderkreis müssen sehr unterschiedliche Komplexitätsstufen abgedeckt werden: Das Spektrum reicht von der Anzeige vordefinierter Berichte für Gelegenheitsbenutzer, über den schnellen Wechsel der Sicht auf die Daten durch den erfahrenen Anwender bis hin zur Unterstützung komplexer Data-Mining-Verfahren für Datenanalysten.

2.2.2 Was ist ein Data Warehouse?

Für eine effiziente und effektive Informationsversorgung ist es notwendig, die bestehenden DV-Landschaften um ein eigenständiges Unterstützungssystem für die Planungs- und Entscheidungsebene zu erweitern. Als zentrale Komponente einer solchen Erweiterung wird in vielen Unternehmen das Konzept eines **Data Warehouse** eingeführt.

Historische Entwicklung

Der Begriff „Data Warehouse" wurde erstmals Anfang der 80er Jahre unter den Schlagworten „Data Supermarket" und „Super Databases" erwähnt. 1988 stellte die Firma IBM ein internes Projekt unter der Bezeichnung „European Business Information System" vor, das 1991 in „Information Warehouse Strategy" umbenannt wurde und dessen Kern das Data-Warehouse-Konzept bildet [vgl. Mertens/Griese (1993), S. 16ff]. Anfang der 90er Jahre wurde das Data-Warehouse-Konzept von verschiedenen Hardwareherstellern sowie Software- und Beratungshäusern aufgegriffen und als Dienstleistungspaket auf einem stark expandierenden Markt angeboten, wozu sicherlich die Diskussion des Online Analytical Processing (OLAP) [Codd/Codd/Salley (1993)] und die Veröffentlichungen von Bill Inmon [Inmon (1993a)] wesentlich beigetragen haben.

Definition Data Warehouse

Definition: Data Warehouse

Als **Data Warehouse** wird eine Sekundärdatenbank bezeichnet, die mit Hilfe geeigneter Extraktionsmechanismen aus einer oder mehreren operativen Datenbanken erzeugt wird. Die Daten der Sekundärdatenbank sind dabei so aufzubereiten und zu aggregieren, dass sie hinsichtlich zu erwartender Auswertungen in möglichst geeigneter Weise zusammengestellt werden [Rautenstrauch (1997), S. 104].

Die Forderung nach dem Analyseaspekt führt dazu, dass ein adäquater Modellierungsansatz benötigt wird. Häufig wird diese Anforderung durch das multidimensionale Datenmodell erreicht, das die Denkweise des Anwenders in Dimensionen und Hierarchien widerspiegelt. Vom Datenmodell eines Data Warehouse wird gefordert, dass es den Anforderungen nach Fachorientierung, Integration, Nicht-Flüchtigkeit, Zeitraumbezug und Redundanz genügt [Inmon (1993a), S. 29].

Fach-orientierung

Fachorientierung (engl. subject orientation): Die Auswahl derjenigen Unternehmensdaten, die im Data Warehouse gesammelt werden, richtet sich ausschließlich nach dem Informationsbedarf des Managements und nicht nach den Funktionsbereichen oder Geschäftsprozessen, für die einzelne Anwendungssysteme entwickelt werden.

Integration

Integration (engl. integration): Ein zentrales Problem bei der Erstellung eines Data Warehouse ist die Integration der entscheidungsrelevanten Daten aus den unterschiedlichsten operativen Anwendungssystemen zu einer inhaltlich konsistenten Datensammlung. So findet man in den historisch gewachsenen operativen Anwendungssystemen häufig die unterschiedlichsten Bezeichnungen zur Beschreibung des selben Sachverhaltes bzw. gleiche Bezeichnungen für verschiedene Untersuchungsgegenstände, verschiedene Kodierungsformen, Variabelenbelegungen, Datenattribute, unterschiedliche Schlüsselformate usw. Deshalb wird im Data-Warehouse-Konzept eine konsistente Datenhaltung im Sinne einer Struktur- und Formatvereinheitlichung durch verschiedene Vorkehrungen im Rahmen der Datenübernahme erreicht [vgl. Mucksch/Behme (1997), S. 38f].

1. **Warum Strukturvereinheitlichung?**
   Im Data Warehouse müssen für alle Daten eindeutige Bezeichnungen

vorliegen. Für ein bestimmtes Datenfeld im Data Warehouse können mehrere, z. T. inkonsistente Datenquellen im Bereich der operativen Systeme existieren, da in einzelnen Datenbeständen die Datenfelder identischer Daten unterschiedlich benannt (Synonyme) werden oder unterschiedliche Datenfelder die gleiche Bezeichnung (Homonyme) besitzen.

2. Warum Formatvereinheitlichung?
Neben der Bereinigung der Datenfeldbezeichnungen sind auch die unterschiedlichen Datenformate anzupassen, da z. B.

- bei der Entwicklung verschiedener Anwendungen bestimmte Attribute mit unterschiedlichen Abkürzungen belegt wurden. Z. B. werden in einer Anwendung die Abkürzungen „m" für männlich und „w" für weiblich, bzw. „0" und „1" verwendet.
- gleiche Attribute in einzelnen operativen Anwendungen mit unterschiedlichen Werteeinheiten zur Größen- und Mengenbestimmung verarbeitet und gespeichert werden, ohne dass die Werteinheit separat dokumentiert und hinterlegt ist. Im Data Warehouse muss daher für jedes Attribut eine Basismaßeinheit festgelegt werden, in die alle übernommenen Größen- und Mengenangaben transferiert werden können.

Nicht-Flüchtigkeit

Nicht-Flüchtigkeit (engl. non-volatile): Mit dem Begriff der Volatilität wird der Grad beschrieben, mit dem sich Daten im Laufe der normalen Nutzung ändern. Dabei wird entweder die durchschnittliche Anzahl der Änderungen je Zeiteinheit oder die absolute Anzahl der Änderungen in bestimmten Zeiträumen gemessen. Im Gegensatz zu den üblicherweise Satz für Satz manipulierten Datenbeständen wird das Data Warehouse nur in bestimmten Abständen mit größeren Mengen aktueller Daten aus den operativen Systemen befüllt, auf die der Benutzer des Data Warehouse zugreifen kann. Die Datenaktualisierung selbst geschieht i. d. R. in den operativen Systemen. Im Data Warehouse selbst findet keine Datenpflege statt, es sei denn, bestimmte Daten lassen sich etwa nur im Data Warehouse finden, wie z. B. aggregierte Planungsdaten. Durch das Merkmal „Nicht-Flüchtigkeit" lassen sich alle erstellen Auswertungen und Analysen jederzeit nachvollziehen und reproduzieren.

Zeitorientierung

Zeitorientierung (engl. time variance): Während in operativen Datensammlungen aktuelle Daten über kurze Zeiträume festgehalten werden, werden im Data Warehouse über längere Zeiträume Datensituationen des

Unternehmens protokolliert, um z. B. auch über fünf oder zehn Jahre vergleichende Analysen des Unternehmensgeschehens vornehmen zu können. Im Gegensatz zu operativen Datenbeständen müssen die Daten durch geeignete Zeitmerkmale beschrieben werden. Diese können Zeitpunkte oder Zeiträume kennzeichnen. Darüber hinaus kann der Endbenutzer den in einer Auswertung oder Analyse betrachteten Zeitraum frei bestimmen.

Redundanz

Redundanz (engl. redundancy): in relationalen Datenbanken werden Relationen i. d. R. in der dritten Normalform implementiert, um referentielle Integrität und Datenkonsistenz zu gewährleisten. Mit dem Begriff der „Denormalisierung" wird eine Vorgehensweise beschrieben, bei der ein Übergang zur nächsten Normalform aus Gründen der Praktikabilität wieder rückgängig gemacht oder gar nicht durchgeführt wird. Ziel der Denormalisierung ist bekanntlich die Reduktion der Datenbankzugriffe, die im Rahmen einer Auswertung oder Analyse anfallen, um so eine Entlastung der verwendeten Hard- und Software und somit eine Verbesserung des Antwortzeitverhalten des Data Warehouse zu erreichen. Hierfür wird ein Anstieg des Speicherplatzbedarfs der denormalisierten Daten - bedingt durch die Entstehung von Redundanzen - sowie ein erhöhter Aufwand zur Erhaltung der referenziellen Integrität und Datenkonsistenz in Kauf genommen. [vgl. Mucksch/Holthuis/Reiser (1996), S. 430].

2.2.3 Mehrdimensionalität

Der Zahlenwert einer Kennzahl erweist sich ohne den zugehörigen semantischen Bezug als nichtssagend. So könnte es sich bei der Kennzahl "Umsatz: 782.390 EUR" um den Umsatz des vergangenen Jahres einer Filiale oder um den Gesamtumsatz einer Sparte weltweit handeln. Erst in Verbindung mit anderen (sachlichen) Kriterien (oder Merkmalen) wie Zeit, Filiale oder Sparte wird der Zahlenwert für den Anwender verständlich und brauchbar.

Arbeitsdefinition: Multidimensionalität, Kennzahlen, Merkmale, Fakten

Die logische Anordnung betriebswirtschaftlicher **Kennzahlen** zu ein oder mehreren sachlichen Kriterien wird als **Multidimensionalität** bezeichnet (Gabriel/Gluchowski (1998), S. 494).

Man bezeichnet die Kriterien, mit denen eine Kennzahl analysiert wird, auch als **Analysemerkmale**.

Ein konkrete Aussage (Abfrage) über eine Kennzahl, die eine oder mehrere sachliche Kriterien einschließt, wird als **Faktum** bezeichnet (Becker/Holten (1998), S. 488).

Beispiel:
- Aussage: "Der Umsatz der Sparte Motorräder betrug in der Schweiz im Monat 12.2004 genau 782.390 EUR".
- Kennzahl: Umsatz in EURO
- Analysemerkmale: Sparte, Monat und Land.

Die Möglichkeit, Kennzahlen aus mehreren Perspektiven interaktiv, zeitnah und problemorientiert zu analysieren, trägt zur optimierten Entscheidungsunterstützung im Unternehmen bei.

2.2.4 Was ist OLAP?

Definition: **OLAP** bedeutet **On**line **A**nalytical **P**rocessing!

Durch OLAP wird eine Softwaretechnologie präsentiert, die Managern und qualifizierten Mitarbeitern aus Fachabteilungen schnelle, interaktive und vielfältige Zugriffe auf relevante und konsistente Informationen ermöglicht [Gluchowski (1998)].

Da sich OLAP-Systeme in der jüngsten Vergangenheit als Basis für analytische Applikationen im Allgemeinen und für Planungssoftware im Besonderen etabliert haben, wird in diesem Abschnitt die darunter liegende Methodik kurz beleuchtet.

Zunächst wird an einem einfachen Beispiel das Pivoting erklärt.

Pivoting

Eine Pivot-Tabelle ist eine interaktive Tabelle, die große Datenmengen rasch kombinieren und vergleichen kann. Die Zeilen und Spalten können gedreht werden, um verschiedene Zusammenfassungen der Quelldaten anzuzeigen, und für besonders interessierende Bereiche können Details angezeigt werden.

Tabellen besitzen Zeilen und Spalten, deshalb können sie als zweidimensional bezeichnet werden. In den unterschiedlichen Zeilen befinden sich die einzelnen Datensätze und in den unterschiedlichen Spalten deren Attribute. In der nachfolgenden Abbildung sind Brutto- und Nettoumsätze der Filialen nach Land, Monat, Sparte und Artikel aufgeführt.

Beispiel für Pivoting

KalJahr/Monat	Land	Stadt	Filiale	Sparte	Artikel	Absatz in Stk
JAN 2004	Schweiz	Zürich	Am Hardturm	Bekleidung	Schutzanzüge	148
JAN 2004	Schweiz	Zürich	Am Hardturm	Bekleidung	Helme	87
JAN 2004	Schweiz	Zürich	Am Hardturm	Service	Technik	42
JAN 2004	Schweiz	Zürich	Glattzentrum	Motorräder	Straßenmotorrad	17
JAN 2004	Schweiz	Zürich	Glattzentrum	Motorräder	Motocross	2
JAN 2004	Schweiz	Zürich	Glattzentrum	Motorräder	Roller	25
JAN 2004	Deutschland	Magdeburg	Südring	Bekleidung	Lederjacken	532
JAN 2004	Deutschland	Magdeburg	Südring	Bekleidung	Helme	342
JAN 2004	Deutschland	Magdeburg	Südring	Service	Technik	213
JAN 2004	Deutschland	Frankfurt	Kaisersstrasse	Motorräder	Straßenmotorrad	231
JAN 2004	Deutschland	Frankfurt	Kaisersstrasse	Motorräder	Motocross	421
JAN 2004	Deutschland	Frankfurt	Kaisersstrasse	Motorräder	Roller	123
FEB 2004	Schweiz	Zürich	Am Hardturm	Bekleidung	Lederjacken	132
FEB 2004	Schweiz	Zürich	Am Hardturm	Bekleidung	Helme	96
FEB 2004	Schweiz	Zürich	Am Hardturm	Service	Technik	83
FEB 2004	Schweiz	Zürich	Glattzentrum	Motorräder	Straßenmotorrad	48
FEB 2004	Schweiz	Zürich	Glattzentrum	Motorräder	Motocross	32
FEB 2004	Schweiz	Zürich	Glattzentrum	Motorräder	Roller	38
FEB 2004	Deutschland	Magdeburg	Südring	Bekleidung	Lederjacken	653
FEB 2004	Deutschland	Magdeburg	Südring	Bekleidung	Helme	432
FEB 2004	Deutschland	Magdeburg	Südring	Service	Technik	327
FEB 2004	Deutschland	Frankfurt	Kaisersstrasse	Motorräder	Straßenmotorrad	321
FEB 2004	Deutschland	Frankfurt	Kaisersstrasse	Motorräder	Motocross	431
FEB 2004	Deutschland	Frankfurt	Kaisersstrasse	Motorräder	Roller	452

Abb.: Tabelle mit Zeilen und Spalten

Interessante Fragen, die diese Daten beantworten könnten, wären: Welche Artikel verkaufen sich gut oder in welchen Ländern verkaufen sich bestimmt Artikel schlecht?
Dies ist leicht zu beantworten, indem die Datensätze aufsummiert werden, die den jeweiligen Ländern liegen. Damit kommt man zu folgender Tabelle:

Verkäufe nach Land und Artikel in 2004

Artikel	Schweiz	Deutschland	Italien	Frankreich
Schutzanzüge	1.776	6.384	5.107	7.022
Helme	1.044	4.104	3.283	4.514
Technik	504	2.556	2.045	2.812
Straßenmotorrad	204	2.772	2.218	3.049
Motocross	24	5.052	4.042	5.557
Roller	300	1.476	1.181	1.624

Abb.: Verkäufe pro Land in 2004

Wie sehen jetzt die Verkäufe pro Artikel und Land getrennt nach Monaten aus? Wir erweitern die Datensicht um das Analysemerkmal "Monat". Danach kann man sich die Artikelverkäufe nach Monat geordnet anschauen. Stellt man sich die einzelnen Monatssichten hintereinander angeordnet vor, so ist der Schritt nicht mehr weit, die Zellen der verschiedenen Tabellen als Würfelteile zu betrachten.

Verkäufe pro Land in 2004

März 2004

Artikel	Schweiz	Deutschland	Italien	Frankreich
Lederjacken	432	893	2.312	1.023
Helme	234	1.023	832	2.341
...	...	...	...	...

Februar 2004

Artikel	Schweiz	Deutschland	Italien	Frankreich
Lederjacken	134	653	104	432
Helme	96	432	601	963
...	...	...	...	...

Januar 2004

Artikel	Schweiz	Deutschland	Italien	Frankreich
Lederjacken	148	532	123	535
Helme	87	342	531	1.241
Technik	42	213	1.242	421
Straßenmotorrad	17	231	64	134
Motocross	2	421	16	1.422
Roller	25	123	1.439	12

Abb.: Verkäufe nach Monat

Würfel-metapher

Bei den obigen dargestellten Sichten handelt es sich um drei zwei-dimensionale Tabellen. Damit ergibt sich ein Würfel, ähnlich der folgenden Abbildung.

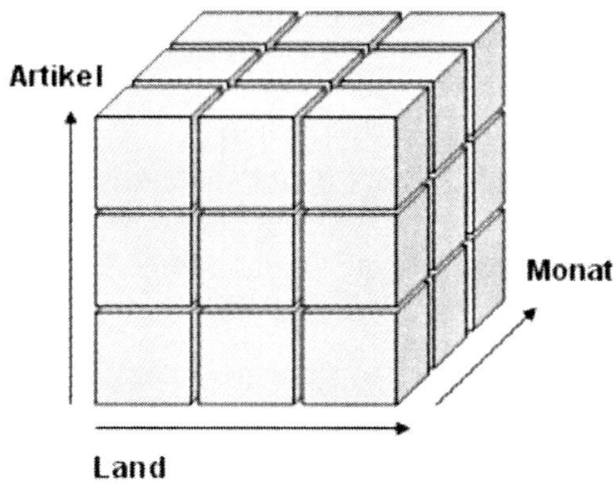

Abb.: Würfel mit den Dimensionen Land, Artikel, Monat

Dieser Würfel hat drei Dimensionen, die hier mit Land, Artikel und Monat bezeichnet sind. Legt man die obigen Tabellen auf das Koordinatensystem des Würfels, so sind die Spalten entlang der x-Achse geordnet. Die Artikel werden auf der y-Achse aufgetragen. Auf der z-Achse werden die Monate aufgetragen, was das Hintereinanderreihen der Tabellen verdeutlichen soll. Die Achsen des

Würfels spannen also einen 3-dimensionalen Raum auf, in dessen Schnittpunkt der einzelnen Koordinaten des Raumes die Fakten jeweils eine „Zelle" einnehmen.

Dieser "Würfel" ist im Grunde nichts anderes als drei Berichte, die man aus Tabellendaten bekommt, die so angeordnet worden sind, dass sie einem Würfel ähneln. Die Tabelle besitzt viel mehr Information, als bisher im Würfel enthalten ist. Man könnte natürlich weitere Dimensionen aus den verbleibenden Daten erzeugen. Aber was nützt es, wenn man weiß, dass es eine Filiale am Südring gibt, aber nicht in welcher Stadt sich diese Filiale befindet. Auch wäre ein Würfel, der aus einer Dimension Land, einer Dimension Stadt und einer Dimension Filiale aufgebaut werden würde, ziemlich leer, da die Wertekombination aus Land, Stadt und Filiale sicherlich nur wenige Zellen des Koordinatenraumes belegen würde. Deshalb ist es sinnvoll, aus diesen Spalten der Tabelle eine neue, gemeinsame Dimension - z. B. "Vertriebsregion" - zu bilden.

Ähnlich könnte man auch mit der Dimension "Monat" verfahren. So wäre es ebenfalls wünschenswert, die Daten als kumulierte Quartals- und Jahreswerte darzustellen.

Die Artikel ordnen wir einer Sparte zu und fassen sie zur Dimension "Produkt" zusammen.

Damit hätte man einen echten OLAP-Würfel mit den drei Dimensionen Produkt, Vertriebsregion und Zeit. Der Unterschied zu dem obigen Würfel besteht darin, dass die Dimensionen jetzt - außer einem anderen Namen - auch weitere Ebenen besitzen. Das heißt, es gibt noch weitere Zellen im Würfel, die sich aber aus den vorhergehenden berechnen lassen. Die Dimension "Vertriebsregion" besitzt somit 3 weitere Ebenen, nämlich Länder, Städte und Filialen. Die Dimension "Datum" besitzt ebenfalls 3 Ebenen und zwar Jahre, Quartale und Monate. Schließlich besitzt die Dimension "Produkt" 2 Ebenen und zwar Sparte und Artikel.

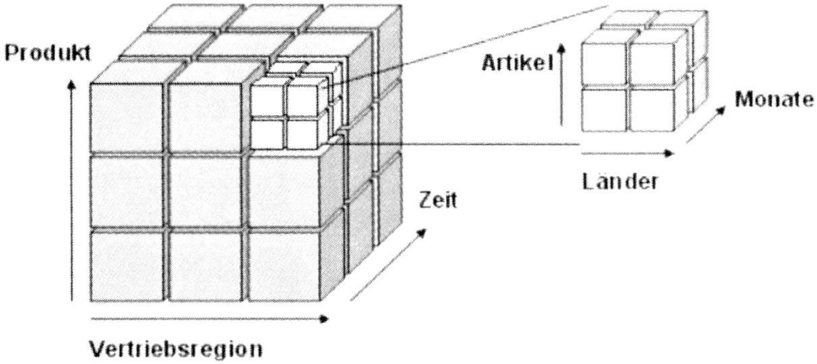

Abb.: Würfel mit den Dimensionen Vertriebsregion, Artikel, Zeit

Vom Würfel zum Bericht

Nachdem der Würfel nun erstellt wurde, muss geklärt werden, wozu er verwendet wird. Zunächst ist es möglich, Berichte zu erstellen. Diese ergeben sich aus beliebigen Kombinationen einzelner Elemente der verschiedenen Dimensionen.

	A	B	C	D	E
1	Verkäufe pro Sparte und Land				
2					
3	- Sparte	+ Schweiz	+ Deutschland	+ Italien	+ Frankreich
4	+ Bekleidung	1.748	6.548	3.652	4.479
5	+ Service	2.386	12.495	8.764	15.087
6	+ Motorräder	365	1.247	14.652	4.532
7	+ Zeitschriften	43.653	70.485	58.743	34.373
8	+ Finanzierung	653	2.485	5.743	3.373
9	+ ...	...	...	...	...

Abb.: Verkäufe pro Sparte und Land

In der obigen Abbildung sind die Anzahl der Verkäufe pro Sparte und Land dargestellt. Das Symbol + stellt die Möglichkeit dar, in weitere Ebenen zu verzweigen. So wäre von Interesse, welche Bekleidungsartikel in den verschiedenen Ländern am häufigsten verkauft werden. Diese Frage kann durch einen Klick auf das Symbol + beantwortet werden.

Verkäufe pro Sparte und Land

- Sparte	+ Schweiz	+ Deutschland	+ Italien	+ Frankreich
+ Bekleidung	1.748	6.548	3.652	4.479
- Lederbekleidung	474	2.213	1.203	1.835
- Helme	674	1.831	846	1.347
- Handschule	273	1.832	833	846
- Assessoirs	327	672	770	451
+ Service	2.386	12.495	8.764	15.087
+ Motorräder	365	1.247	14.652	4.532
+ Zeitschriften	43.653	70.485	58.743	34.373
+ Finanzierung	653	2.485	5.743	3.373
+ ...	...	...	...	...

Abb.: Verkäufe pro Sparte, Artikel und Land

Der Bericht kann auf Mausklick angepasst werden. Man spricht deshalb von der "Navigation" innerhalb eines Berichtes, denn der Bericht kann als Teilwürfel aufgefasst werden, da er die Strukturen des Würfels weiterhin besitzt. Als nächstes werden die Grundfunktionen der Navigation vorgestellt.

Rotation (Drehen)

Zunächst gibt es die Möglichkeit der **Rotation**, die auch Pivotierung genannt wird. Wie nachfolgende Abbildung zeigt, ist damit das Drehen des „Würfels" um eine Achse gemeint. Somit wird eine andere Kombination zweier Dimensionen sichtbar. Oft reicht für Analysen eine zweidimensionale Ansicht des Datenwürfels aus, was in der Abbildung einer Seite des Würfels entspricht. Während zu Beginn die Kombination der Dimensionen "Produkt und Vertriebsregion" zu sehen ist, sind dies nach der Rotation die Kombination der Dimensionen "Produkt und Zeit".

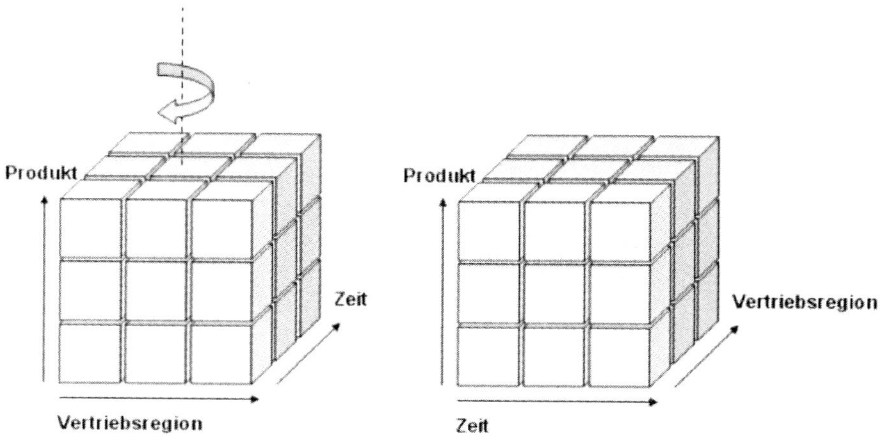

Abb.: Rotation des Datenwürfels

Slice (Schneiden)

Unter **Slice** versteht man eine „Scheibe", die aus dem Datenwürfel herausgeschnitten wird. Durch das Setzen eines Filters auf ein Element einer Dimension entsteht eine Sicht auf einen klar definierten Ausschnitt. Wie nachfolgende Abbildung verdeutlicht, kann dies zum Beispiel eine Sicht auf alle Produkte und alle Monate, die in der Dimension Vertriebsregion auf der Ebene Land den Wert "Schweiz" besitzen.

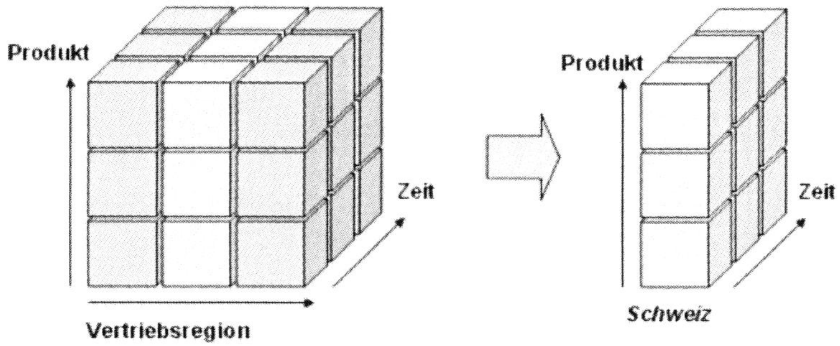

Abb.: Slice der Dimension Vertriebsregion auf der Ebene Land mit dem Element "Schweiz"

Auch wenn der rechte Teil der obigen Abbildung aussieht wie eine Scheibe, so ist auch er ein Datenwürfel. Unter Schweiz gibt es weiterhin die Ebene Stadt und Filialen, in der Dimension Produkt die Ebenen Sparte und Artikel sowie in der Dimension Zeit die Ebenen Jahr, Quartal und Monat.

Dice (Würfel)

Mit **Dice** wird ein mehrdimensionaler Ausschnitt eines „Würfels" bezeichnet. Dabei werden mehrere Dimensionen auf einer jeweiligen Ebene eingeschränkt. Data Dicing führt im Gegensatz zur „Scheibe" zu einem „Teilwürfel". Ein Beispiel ist die Erstellung einer multidimensionalen Sicht auf die Umsätze einer bestimmten Sparte in einem bestimmten Land in einem bestimmten Quartal (vgl. nachfolgende Abbildung). Der selektierte Datenraum kann beispielsweise zum Plan-/Ist-Vergleich des laufenden Jahres verwendet werden.

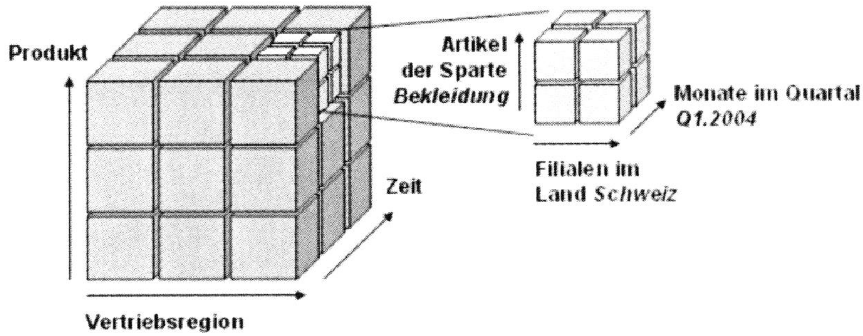

Abb.: Dice in den Dimensionen Produkt (Ebene Sparte), Vertriebsregion (Ebene Land) und Zeit (Ebene Quartal)

Roll-Up und Drill-Down

Die Ebenen einer Dimension lassen sich häufig zusammenfassen und gruppieren. Monate werden zu Quartalen und diese wiederum zu Jahren zusammengefasst, Produkte zu Produktgruppen. Dadurch entsteht ein hierarchisches Ordnungsschema, das zur mathematischen Verdichtung von Kennzahlenwerten verwendet werden kann. Zur Navigation in einer solchen Hierarchie stehen die Operatoren Roll-up und Drill-down zur Verfügung.

Drill-Down bedeutet, ein ausgewähltes Element wird aufgebohrt (Drill) und die eine Ebene tiefer (down) liegenden Elemente werden angezeigt.

	Schweiz	Deutschland	Italien	Frankreich
1. Quartal	1.748	6.548	3.652	4.479

Drill-Down ↓ ↑ Roll-Up

	Schweiz	Deutschland	Italien	Frankreich
Januar	348	1.438	953	1.238
Februar	532	2.434	1.234	1.543
März	868	2.676	1.465	1.698

Abb.: Operatoren Roll-up und Drill-down

Die Funktion des **Roll-Up** bezeichnet den umgekehrten Weg, bei dem von einer Verdichtungsebene zu einer darüber liegenden Ebene navigiert wird, z. B. von Monat zu Quartal zu Jahr.

2.2.5 Kriterien für OLAP

Der Begriff OLAP hat seinen Ursprung bei Edgar F. Codd im Jahre 1993 und wurde von ihm zunächst anhand 12 Regeln definiert. Einige zentrale Regeln werden nun erläutert [Messerschmidt/Schweinsberg, 2003].

Multidimensionalität Analog der natürlichen Sicht eines Analytikers muss auch ein OLAP-Produkt eine multidimensionale Sichtweise ermöglichen, d.h. ein OLAP-Modell sollte sich in mehrdimensionalen Strukturen abbilden lassen. Berichte sollten zudem einfach und schnell änderbar sein. Dabei spielen Operationen zur Navigation durch multidimensionale Datenräume eine große Rolle.

Transparenz Falls ein OLAP-System auf heterogene Datenbestände, z.B. mehrere Data Warehouse Systeme zugreift, muss dies für den Anwender unbemerkt, d.h. transparent geschehen. Außerdem darf es für ihn keine Rolle spielen, ob die Anwendung integriert ist oder nicht. Es sollten sich dementsprechend durch die Benutzung mehrerer Datenquellen auch keine negativen Auswirkungen bezüglich Funktionalität, Performance und Bedienbarkeit des Systems ergeben.

Mehrere Benutzer Mehrere Benutzer müssen gleichzeitig auf einen Datenbestand zugreifen können, wobei sowohl die Datenintegrität als auch die Datensicherheit gewährleistet sein muss. Dies bedingt ein Berechtigungswesen, das die unterschiedlichsten Endanwenderprofile berücksichtigen muss.

Dimensionsübergreifend Alle Berechnungen sollen über mehrere Dimensionen möglich sein, egal wie viele Dimensionen davon betroffen sind und von welcher Art sie sind. Insbesondere bei der Berechnung von Kennzahlen und Kennzahlensystemen muss häufig eine dimensionsübergreifende Berechnung vorgenommen werden.

Intuitive Bedienung Dem Anwender soll eine einfach zu bedienende Benutzeroberfläche bereitgestellt werden und er muss die Möglichkeit haben, mit einfachen Mitteln in einem Datenbestand zu navigieren. Hierbei spielen die Operatoren Drill-down und Roll-up eine wesentliche Rolle.

2.2.6 Tabellenkalkulation versus OLAP

Viele Unternehmen argumentieren, dass ihnen Tabellenkalkulationsprogramme wie Microsoft Excel gute Dienste leisten und damit kostengünstige Alternativen zu OLAP-Software darstellen. Wenn man etwas genauer die Anforderungen betrachtet, so stößt man schnell an die Grenzen der Tabellenkalkulationsprogramme.

- schlechte Eignung bei mehreren (oder vielen) gleichzeitigen Benutzern

- schlechte Performance bei der Verarbeitung von großen Datenmengen
- schlechte Performance bei der Verdichtung von Daten. Die Verdichtung erfolgt stets auf dem Client-PC
- keine Berechtigungsvergabe auf Zellen oder Werteebene
- keine Unterstützung von Metadaten, die die Additivität von Kennzahlen beschreiben. Beispielsweise lassen sich unterschiedliche Mengen (KG, Liter, etc.) und Beträge (EURO, USD, etc.) meist "problemlos" addieren.
- schwierige und komplizierte Integration mehrerer Datenquellen

2.2.7 Operative Informationssysteme versus OLAP

Zu Beginn der 80er Jahre dominierte die Auffassung, dass ein allumfassendes Datenbanksystem im Zentrum aller Anwendungssysteme eines Unternehmens stehen könnte. Es stellte sich schnell heraus, dass sich die Anforderungen an Datenbanksysteme für operative Anwendungen sehr stark von denen an Entscheidungsunterstützungssysteme unterscheiden [Inmon/Hackathorn (1996), S. 25].

Ungeeignete Arbeitsweise

Die Grundlage jeder betrieblichen DV-Anwendung sind die operativen Systeme. Die Arbeitsweise der operativen Systeme ist auf die Verarbeitung von Transaktionen ausgerichtet, so dass sich spezielle Funktionsbereiche schnell und präzise mit Steuerungsdaten versorgen lassen. Sie sind auf eine möglichst effiziente Verarbeitung des relativ statischen Tagesgeschäftes eines Unternehmens ausgerichtet, das durch eine hohe Anzahl von Transaktionen und den Zugriff auf wenige Datensätze gekennzeichnet ist.

Ungeeignete Parameter

Die basierenden Datenbanksysteme sind systemtechnisch für einen hohen Transaktionsdurchsatz konfiguriert, während bei entscheidungsunterstützenden Systemen eine große Anzahl von Datensätzen gelesen werden, die für eine performante Verarbeitung im Datenbankbereich auch spezielle, den Anforderungen der operativen Welt oftmals entgegen gesetzte Konfiguration und Parametrisierung erfordern [Reuter (1996), S. 13].

Ungeeignete Schema

Als weiterer Gesichtspunkt ist zu beachten, dass die Datenschemata der operativen Systeme an den betriebswirtschaftlichen Abläufen und Funktionen orientiert sind. Diese Datenschemata sind für Entscheidungsträger wenig geeignet, da sie dafür ausgelegt sind, transaktionale Daten schnell und sicher zu erfassen. Eine effektive und effiziente Unterstützung der Planungs- und Entscheidungsebene kann mit existierenden Datenschemata deshalb oft nur schwer geleistet werden, weil sie in ihrer Struktur nicht einfach zu verstehen sind. Zu stark ist die Granularität der Daten, zu heterogen das Umfeld, um schnell eine empfängerorientierte Sicht auf das Unternehmen zu ermöglichen.

keine Zeit-abbildung Hinzu kommt, dass operative Daten täglich überschrieben werden, und somit für den Anwender eine wichtige Dimension - die Zeit - als Bezugsquelle verloren geht.

Ungeeignet für Benutzer Schließlich ist zu berücksichtigen, dass die Daten nicht so aufbereitet sind, dass sie für die Endanwender einfach zu verstehen und als Informationsquelle zu nutzen sind.

Übersicht Eine detaillierte Gegenüberstellung der Unterschiede zwischen transaktionsorientierten und entscheidungsorientierten Daten findet sich zusammenfassend in der folgenden Tabelle (in Anlehnung an Groffmann (1997), S. 9).

transaktionsorientierte Systeme	**entscheidungsorientierte Systeme**
anwendungsorientiert	subjektorientiert
detailliert	zusammengefasst, verdichtet
hohe Genauigkeit im Zugriffszeitpunkt	zeitvariable Werte, Momentaufnahmen (verschiedener Zeitpunkte)
dienen der administrativen Ebene	dienen dem Management
können aktualisiert werden	werden nicht aktualisiert (überschrieben)
werden regelmäßig wiederholt benutzt	werden unregelmäßig benutzt
Verarbeitungsvorgänge sind von vornherein bekannt	Verarbeitungsvorgänge sind nicht von vornherein bekannt
Gezielte Zugriffe überwiegend auf einzelne Datensätze	Gezielte Zugriffe auf mehrere (viele) Datensätze
getrieben durch Transaktionen	getrieben durch Analysen
Update-Kontrolle äußerst problematisch im Hinblick auf Eigentumsrechte	Update-Kontrolle kein Problem
hohe Verfügbarkeit	weniger hohe Verfügbarkeit
als Gesamtheit kontrolliert, manipuliert und verwaltet	einzelne Teile werden kontrolliert, manipuliert und verwaltet
Unerwünschte Redundanz	Redundanz unabdingbar
Statische Struktur, Inhalte variabel	flexible Struktur
pro Verarbeitungsgang werden geringe Datenmengen verwendet	pro Verarbeitungsgang werden große Datenmengen verwendet

Unterstützt täglich anfallende Vorgänge	unterstützt die Belange des Managements
hohe Zugriffsrate	geringe, mäßige Zugriffsrate

Tab.: Unterschiede zwischen transaktions- und entscheidungsorientierten Informationssystemen

2.3 Reportingansätze

Die Business-Intelligence-Werkzeuge lassen sich in **Berichtssysteme**, **spezialisierte Business-Intelligence-Werkzeuge** sowie **Business-Intelligence-Applikationen** unterteilen.

2.3.1 Berichtssysteme

Unter Berichtssysteme fallen Endbenutzer-Werkzeuge für den Aufbau eines Berichtswesens [vgl. Gluchowski (1998), S. 179ff].

Abfrage-werkzeuge

Mit einfachen Abfrage-Werkzeugen lassen sich schnell und ohne großen Aufwand Abfragen z. B. aus Office-Anwendungen heraus gegen eine Datenbank erstellen (generieren). Die logische Datenbankstruktur und die Sprachkonstrukte einer Abfragesprache bleiben für den Endbenutzer hinter einer grafischen Benutzeroberfläche verborgen. Die Werkzeuge beinhalten häufig die Grundfunktionen Slice and Dice für die Online-Datenanalyse (OLAP). Für den Aufbau eines Berichtswesens sind solche Werkzeuge auf Grund ihrer eingeschränkten Formatierungsmöglichkeiten der Abfrageergebnisse allerdings nur in Verbindung mit anderen Berichtsgeneratoren sinnvoll.

Berichts-generatoren

Als **Berichtsgeneratoren** werden Werkzeuge bezeichnet, die über eine reine Abfragefunktionalität hinaus noch Möglichkeiten zur inhaltlichen und optischen Anreicherung bieten. Dazu gehören Gestaltungsoptionen wie z. B: Einbindungen von Kopf- bzw. Fußzeilen, freie Platzierung von Tabellen und Grafiken sowie Kennzeichnung besonders auffälliger Datenwerte (Exception Handling). In der Regel setzen sie auf relationalen Systemen auf, wo sie dann Unterstützung bei der Formulierung von SQL-Anfragen bieten. Dazu werden grafische Editoren (z. B. mit „Query by Example"-Techniken) eingesetzt, die bei der Generierung korrekter SQL-Syntax helfen sollen. Die Werkzeuge bieten meist nur wenig semantische Unterstützung und unterscheiden sich vor allem im verfügbaren Sprachumfang des SQL-Befehlsumfangs.

MQE-Werkzeuge

Die Weiterentwicklung von Berichtsgeneratoren führt zu dem Ansatz des **Managed Query Environment** (MQE). MQE-Werkzeuge bieten bereits mehr semantische Unterstützung und entsprechen damit eher der Forderung der Anwender nach intuitiv verständlichen und einfach zu bedienenden Werkzeugen, da die Daten in Form von Informationsobjekten repräsentiert werden. Über eine Daten-Abstraktionsschicht lassen sich die physischen Datenbankstrukturen verbergen und eine subjektbezogene Darstellung der Daten auf Basis der Unternehmensfachbegriffe erzielen. Der Endanwender benötigt keinerlei Kenntnisse über die zugrunde liegende Datenbankstruktur und kann durch eine freie Kombination der Informationsobjekte seinen Informationsbedarf abdecken. Durch das Verbergen des unterliegenden logischen Datenmodells wird erreicht, dass nicht nur syntaktisch korrekte SQL-Abfragen erzeugt werden, sondern auch semantische Fehler verhindert werden, da z. B. nur solche Joins spezifiziert werden können, die auch dem Datenmodell entsprechen. Bestandteil einer MQE-Umgebung ist häufig ein Reporting-Server, der die periodische oder aperiodische Aktivierung von Berichten steuert, die Verteilung dieser Berichte organisiert und überwacht (Berechtigungskonzept), und die Entwicklungshistorie der erstellten Berichte dokumentiert [Gluchowski (1998), S. 188]. Kritisch anzumerken ist, dass der Aufbau, Wartung und Pflege der Abstraktionsschicht manuell durchgeführt werden müssen. Zudem unterliegen diese Werkzeuge auch den Beschränkungen des Befehlsumfangs von SQL. Komplexe multidimensionale Operationen wie Rotation oder Drill-Down und Drill-Up werden nur ansatzweise unterstützt.

OLAP-Werkzeuge

OLAP-Werkzeuge bieten im Gegensatz zu MQE-Tools, die lediglich Daten anzeigen und eine relativ geringe Variation von Analysen ermöglichen, eine bieten die OLAP-Werkzeuge intuitive, flexible und sehr mächtige Analysefunktionalität an. Anwender können die relevanten Daten in einer frei wählbaren Form betrachten, sie untersuchen und somit die kritischen Faktoren des Unternehmens überwachen. Die mehrdimensionale Sicht auf die Daten ermöglicht Analysen quer über jede Dimension der Daten. OLAP-Funktionen reichen von einfacher Rotation und Drilling bis hin zu komplexer Unternehmensanalyse (Zeitreihenanalyse, Regressionen, usw.), wobei die gewonnenen Erkenntnisse in diversen Graphiken (Torten-, Balken-, Flächen-, Säulendiagramme, etc.) dargestellt und weiter analysiert werden können. Die OLAP-Werkzeuge stellen bezüglich ihrer mächtigen Funktionalität und der Fähigkeit, große Datenmengen eines Data Warehouse effizient zu organisieren und zu verwalten, eine der wichtigsten State-Of-The-Art Frontend-Lösung für Data Warehouse dar [vgl. Dinter et. al. (1997)].

2.3.2 Spezialisierte Werkzeuge

Den Werkzeugen für den Aufbau eines Berichtswesens stehen spezialisierte Business-Intelligence-Werkzeuge für Aufgaben wie Data Mining oder die anspruchsvolle Darstellung von Führungsinformation, geographische Daten oder Massendaten gegenüber.

Data Mining

Data Mining, auch Knowledge Discovery [vgl. Fayyad (1996), S. 21f] genannt, ist die Suche nach Abhängigkeiten und Regelmäßigkeiten zwischen verschiedenen Datenbankeinträgen, anhand derer Hypothesen über bestimmte Entwicklungen oder das Verhalten von Unternehmensabläufen dargestellt werden können. Im Unterschied zu den Werkzeugen des Berichtswesens, bei dem es darum geht, bestehende Annahmen des Anwenders zu verifizieren, dient Data Mining dazu, bisher unbekannte Muster oder Trends zu entdecken und sie zu visualisieren.

EIS

Im Mittelpunkt etwa des **EIS-Gedankens** (Executive Information System = Führungsinformationssystem) steht die managementgerechte Präsentation von wenigen kritischen Erfolgsfaktoren in Form von Kennzahlen. Eine derartige Beschränkung auf wenige Größen - unterstützt durch eine farbliche Markierung auftretender Abweichungen - ermöglicht dem Entscheidungsträger auf einen Blick die wirtschaftliche Lage in einem Geschäftsfeld oder einem geographischen Raum zu erfassen (Monitoring) [Behme/Mucksch (1997), S. 20].

2.3.3 Business-Intelligence-Applikationen

Im Mittelpunkt von Business-Intelligence-Applikationen steht die effiziente Unterstützung der Endanwender im Planungs- und Entscheidungsprozess. Dabei soll der Endanwender interaktiv bei der Lösung eher schlecht strukturierter Entscheidungssituationen unterstützt werden. Die Betonung liegt hierbei auf „unterstützen", denn die meisten Entscheidungsprozesse sind nicht vollständig algorithmisierbar, so dass lediglich einzelne Phasen sinnvoll programmiert und damit dem Rechner übertragen werden können.

Horizontale Märkte

Business-Intelligence-Applikationen unterteilen sich in solche für horizontale Märkte, das heißt für branchenübergreifende Aufgaben wie Finanzkonsolidierung, Balanced Scorecards, Activity-Based-Management oder Performance-Management.

Vertikale Märkte Zum anderen gibt es Produkte für vertikale Märkte, das heißt für branchenspezifische Aufgaben wie Verkaufsanalyse in Warenhäusern, Risikoanalyse für die Kreditkartenindustrie oder die Registrierung von Betrugsversuchen in der Versicherungsbranche.

Kennzeichen Kennzeichnend für Business-Intelligence-Anwendungen ist demzufolge die Modell- und Methodenorientierung [Chamoni/Zeschau (1996), S. 47], durch die eine situationsspezifische Unterstützung gewährleistet wird. Business-Intelligence-Anwendungen sind dazu geeignet, mit selbst gewählten Daten und selbst konstruierten Modellen Probleme zu lösen [Rockart/DeLong (1988)]. Sie kombinieren die Modellentwicklung und die analytischen Problemlösungstechniken mit den Datenzugriffs- und Retrieval-Methoden.

Ein Beispiel für die kombinierte Methodennutzung ist ein System für die Planung und Kontrolle von Standortstrukturänderungen im Unternehmen, die aufgrund von Rationalisierungsstrategien ihr internationales Produktionsstättensystem neu organisieren wollen. Dazu werden Unternehmensmodelle mit Methoden der Risiko- und Nutzwertanalyse verknüpft [Behme/Mucksch (1997), S. 19].

2.4 Technische Architektur

Der Aufbau des Datenservers entspricht in den meisten Fällen einem der folgenden Architekturtypen.

2.4.1 Zentrales Data Warehouse

Bei einem zentralen Data Warehouse handelt es sich um **eine** physische Datenbasis, die parallel zu den operativen Datenbeständen existiert. Ist von einem Data Warehouse die Rede, wird damit automatisch **ein** zentrales Data Warehouse assoziiert.

2.4.2 Data Mart

Ein Data Mart ist ein subjekt- oder abteilungsspezifisches Data Warehouse. Hier werden im Unterschied zum zentralen DW nicht alle Daten eines Unternehmens gespeichert, sondern dezentral auf mehreren kleinen Data-Warehouse-Servern, welche die Data Marts beinhalten, verteilt. Dem zusätzlichen Verwaltungsaufwand z.B. durch die notwendige Synchronisation der Daten steht der Vorteil gegenüber, dass die Fachabteilungen flexibel auf ihre oft sehr speziellen Daten zugreifen können.

2.4.3 Virtuelles Data Warehouse

Das Konzept des virtuellen Data Warehouse besteht im direkten Zugriff der Endanwender auf die operativen Datensysteme, was eigentlich dem Grundgedanken widerspricht, die operativen Systeme zu entlasten. Ein Data Warehouse als sekundäre Datenhaltung ist nicht gegeben, daher die Bezeichnung virtuell. Der Vorteil liegt in der schnellen und kostengünstigen Realisierung, da die operativen Daten nicht transformiert und keine neue technische Infrastruktur angeschafft werden muss. Der größte Nachteil liegen darin, dass die Abfragen der Endanwender auf einer Datenbank durchgeführt werden, die für eine schnelle Datenerfassung ausgelegt ist. Eine komplexe Abfrage über mehrerer Tabellen wird zu massiven Performance-Problemen führen.

3 Semantische Modellierung

Dieses Kapitel beschäftigt sich mit der semantischen Modellierung von multi-dimensionalen Systemen. Es geht dabei primär um die Frage, wie die Anforderungen eines Anwendungsbereiches erfasst und so beschrieben (spezifiziert) werden können, dass ein Bauplan zum Aufbau eines Data Warehouse konstruiert werden kann.

Zunächst wird ein allgemeines Lebenszyklus-Modell eines Data Warehouse beschrieben und die Designphasen sichtlich gemacht. Es folgt eine allgemeine Einführung in das Thema Datenmodellierung. Anschließend wenden wir uns der multi-dimensionalen Datenmodellierung zu. Anhand eines Fallbeispiels wird eine Vorgehensmethode vorgestellt.

3.1 Das Business Dimensionale LifeCyle-Modell

Für die Einführung eines Data Warehouses wird häufig das **Business Dimensional Lifecycle Modell** nach Kimball verwendet [Kimball et al. (1998); Kimball/Ross (2002)]. Die folgende Abbildung stellt die Hauptphasen des Modells grafisch dar:

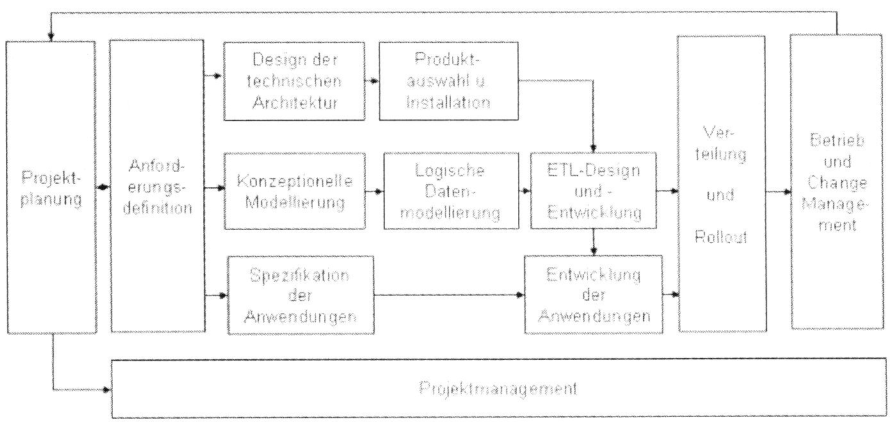

Abb.: Business Dimensional Lifecycle Modell (Quelle: Kimball/Ross (2002), S. 332)

3.1.1 Projektplanung

Die erste Phase des Lebenszyklus ist die **Projektplanung**, bei der das

Unternehmen auf die Einführung des DW vorbereitet wird, indem Fragen wie Rechtfertigung, Dimensionierung und personelle Ausstattung des Projektes erörtert werden. Neben der Projektplanung stellt fortwährendes und begleitendes **Projektmanagement** einen unverzichtbaren Bestandteil dar, um die planmäßige Durchführung des Projektes sicherzustellen und eventuelle Abweichungen vom Zeitplan frühzeitig erkennen zu können (Kimball/Ross (2002), S. 334-340).

3.1.2 Anforderungsdefinition

Essentiell für den Projekterfolg ist das Verstehen und Berücksichtigen der Wünsche der Endanwender. Daher wird während der Anforderungsdefinition die Zielgruppe definiert, deren Anforderungen mittels geeigneter Methoden ermittelt und aufbereitet werden. Wichtig ist die durch den Doppelpfeil zwischen Projektplanung und Anforderungsdefinition angedeutete enge Abhängigkeit dieser beiden Phasen.

3.1.3 Technisches Design

Beim technischen Design werden die Anforderungen an die technische Architektur des Data Warehouse definiert, indem Fragen wie Verteilung der Daten, Performance, Datenvolumen u.ä. diskutiert werden. Darauf aufbauend wird im zweiten Schritt ein geeignetes Produkt ausgewählt, das diesen Anforderungen genügt. Hierbei können Methoden und Instrumente wie Produktbewertungsmatrizen, Marktanalysen und Prototypen zum Einsatz kommen [Kimball/Ross (2002), 347-353].

3.1.4 Logisches Design

Das logische Design des Modells befasst sich mit der Frage, wie die zu speichernden Daten strukturiert werden sollen und wie sie in das Data Warehouse gelangen. Hierfür wird zunächst eine **semantische** und **logische Datenmodellierung** durchgeführt, bei der das Konzept der multi-dimensionalen Modellierung zum Einsatz kommt. Im Rahmen der **physischen Modellierung** werden die logischen Datenmodelle am System umgesetzt. Aufgabe des ETL-Designs (Extraktion, Transformation, Laden) ist es dafür zu sorgen, dass sowohl Stamm- als auch Bewegungsdaten problemlos aus den Quellsystemen in das Data Warehouse gelangen [Kimball/Ross (2002), S. 353-362].

3.1.5 Anwendungsdesign

Hauptaufgabe im Bereich „Anwendungsdesign" ist das Spezifizieren und Entwickeln von auf das Data Warehouse aufsetzenden

Endbenutzeranwendungen, welche die zu Beginn des Projekts definierten Anforderungen der Benutzer erfüllen. Neben Ergonomie und Bedienbarkeit tauchen in dieser Phase Begriffe wie Web Access und Informationsportale auf [Kimball/Ross (2002), S. 362-364].

3.1.6 Verteilung

Das Data Warehouse wird durch Schulungsmaßnahmen und Supportangebote eingeführt. Dies ist deshalb von entscheidender Bedeutung für das Gelingen des gesamten Projektes, weil sich in dieser Phase entscheidet, ob das Produkt akzeptiert wird oder nicht [vgl. Kimball/Ross 2002, 364f.].

3.1.7 Wartung und Wachstum

Schließlich beinhaltet das Modell die Problematik von Wartung und Wachstum eines Data Warehouse, wodurch ein Folgeprojekt ausgelöst werden kann und somit der Zyklus von Neuem beginnt. Hier geht es vor allem um die Gestaltung des laufenden Supports für die Endanwender des Data Warehouse sowie um das Release- und Change-Management [vgl. Kimball/Ross (2002), S. 365f.].

3.2 Datenmodellierung

Während im Bereich der operativen Systeme vielfältige Methoden und Verfahren entwickelt wurden, um angemessene semantische Datenmodelle aufzubauen, die sich möglichst unabhängig von konkreten Systemumgebungen implementieren lassen, wird im Bereich Data Warehouse häufig vernachlässigt, dass verlässliche Dokumentationsunterlagen elementare Voraussetzung sowohl für die Wartbarkeit als auch für die Nutzung eines Systems darstellen. Zu schnell lassen sich durch grafische Werkzeuge „Demonstrations-Systemchen" bauen, die bei den Entscheidern Begeisterung und den Appetit auf ein schnelles „Mehr" wecken. Für eine saubere konzeptionelle Datenmodellierung fehlt dann die benötigte Zeit. Umso bedauernswerter erscheinen die Defizite vor dem Hintergrund vielfältiger Erfolg versprechender Anwendungsmöglichkeiten semantischer Modelle multi-dimensionaler Datenstrukturen.

3.2.1 Wozu Datenmodellierung?

Zunächst lassen sich diese beim Systemaufbau als **Diskussionsgrundlage** zwischen Mitarbeitern aus Fach- und IT-Abteilung verwenden. Zudem würden die erarbeiteten semantischen, multi-dimensionalen Datenmodelle als **Navigationshilfen** im Data Warehouse einsetzbar sein. Durch ihre weitgehende **Unabhängigkeit** von einzelnen Werkzeugen bieten diese

Datenmodelle auch im Falle von Release- oder Tool-Wechseln sowie bei personellen Veränderungen die Gewähr, dass das gesammelte **Wissen über die Datenstrukturen** erhalten bleibt und wieder verwendet werden kann. Schließlich können semantische Datenmodelle bei auftretenden Modifikationen an den Datenstrukturen **wertvolle Orientierungshilfen** bieten und Änderungen damit vereinfachen [Gabriel/Gluchowski (1997), S. 20].

3.2.2 Was ist ein Datenmodell?

Was versteht man eigentlich unter einem Datenmodell?

Unter einem **Datenmodell** wird „ein strukturiertes Abbild der Daten eines fest abgegrenzten Teils der wahrgenommenen Realität (Falkenberg (1991), S. 191) , die für eine bestimmte Anwendung bzw. für bestimmte Anwender relevant sind, einschließlich der zwischen ihnen bestehenden Beziehungen (Maier (1996), S. 12)" verstanden.

3.2.3 Ebenen der Datenmodellierung

Semantische Datenmodelle sind das Ergebnis der fachlichen Konzeption und repräsentieren im Prinzip natürlich-sprachliche Aussagen unabhängig von der Technologie der später gewählten Datenspeicher und Endbenutzerwerkzeuge.

Bei der Entwicklung von Data-Warehouse-Systemen werden heute leider schon wieder die „im Prinzip gleichen Fehler begangen wie vor 30 Jahren bei der Gestaltung der operativen DV-Systeme: die Datenstrukturen werden für ganz bestimmte Anwendungen und Produkte entworfen" [Becker/Priemer/Wild (1994), S. 422].

Es wird deshalb im Sinne einer Datenunabhängigkeit gefordert, dass die inhaltliche Spezifikation eines Data Warehouse völlig losgelöst von technischem Wissen, das zur Implementierung eines Data Warehouse erforderlich ist, erfolgen kann. Üblicherweise werden folgende **Projektphasen und Modellierungsebenen** für den Aufbau eines Informationssystems genannt [Holthuis (1997), S. 116; Ortner (1997), S. 72]:

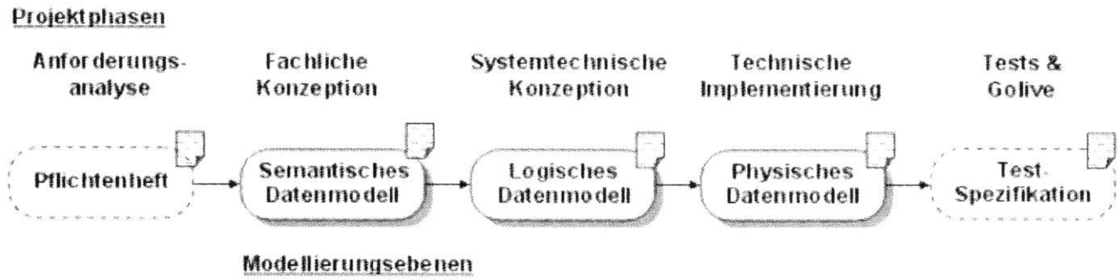

Abb.: Projektphasen und Modellierungsebenen für den Aufbau von Informationssystemen

Semantisches Datenmodell Die Entwicklung eines Informationssystems beginnt in einer Fachsprache der Benutzer und führt als Ergebnis einer **Anforderungsanalyse** zu einem **Pflichtenheft** [vgl. Ortner (1997), S. 72f].

Durch Klärung der fachlichen Begriffe werden die Anforderungen in ein **Fachliches Konzept** umgesetzt. Am Ende dieses Prozesses wird ein semantisches (konzeptionelles = conceptual (engl.) = begrifflich) Datenmodell konstruiert, das die relevanten Sachverhalte der Problemstellung noch losgelöst von dem einzusetzenden Datenbanksystem abbildet. Das semantische Datenmodell bildet damit auch die Schnittstelle zu den Benutzern eines System. Daher muss auf dieser Ebene aus Sicht und in der Sprache des Anwenders definiert werden, welche Kennzahlen und welche Analysekriterien relevant sind und welcher Zusammenhang zwischen ihnen existiert [Totok (2000), S. 99]. Zur semantischen Modellierung hat sich in der Praxis das Entity-Relationship-Modell (ERM) in weiten Teilen bewährt.

Logisches Datenmodell Der **Systemtechnische Entwurf** überträgt das Fachkonzept in die Lösungskonzepte der DV-Umsetzung. Auf dieser Ebene wird das semantische Datenmodell so umformuliert, so dass es den Anforderung eines konkreten Datenbanksystems genügt. Ein solches Modell heißt auch Datenbankschema. Aufgrund des einfachen Übergangs von einem ERM zu einem Relationenmodell kommen diese Modelle oft gemeinsam zum Einsatz (Hahne (2005, S. 17). Die Spezifikation des logischen Datenmodells erfolgt häufig in einer Diagrammsprache oder in einem Pseudocode zur Strukturierung des zukünftigen Systems [Ortner (1997), S. 74].

Physisches Datenmodell Die technische **Implementierung** stellt schließlich die Beschreibung der konkreten hard- und softwaretechnischen Umsetzung des logischen Datenmodells auf physischer Ebene dar. Dabei werden Aspekte der physischen Speicherung und der Speicher- und Zugriffsoptimierung behandelt. Im Normalfall wird dieser Schritt z. B. durch den Einsatz einer Programmiersprache (z. B. SQL Data Definition Language) abgeschlossen.

3.3 Multi-dimensionale Datenmodellierung

Aufgrund der Strukturierung der Datenmodellierungsebenen kann die folgende Vorgehensweise für ein Data-Warehouse-Design identifiziert werden:

1. Analyse des Informationsbedarfs
2. Entwicklung des semantischen Datenmodells
3. Entwicklung des logischen Datenmodells
4. Entwicklung des physischen Datenmodells

3.3.1 Strukturen multi-dimensionaler Daten

In der Literatur werden folgende unterschiedliche Kategorien von Objekten unterschieden, die als Beschreibungselemente für multidimensionale Datenmodelle benötigt werden:

1. betriebswirtschaftliche Kennzahlen und deren Verknüpfungen untereinander
2. betriebswirtschaftliche Dimensionen, Dimensionsattribute und Dimensionsstrukturen (Hierarchien) sowie
3. Ableitungsregeln, die zur sachbezogenen, inhaltlichen Transformation von Daten dienen.

Kennzahlen

Zum Begriff der **Kennzahl** werden in der Literatur eine Reihe an weiteren Begriffen synonym genutzt. In englisch-sprachlichen Beiträgen wird oft von Variables, Facts, Measures oder Measured Facts gesprochen [Kimball (1996), S. 22]. Viele deutschsprachige Autoren übersetzen Measure mit Kennzahl, wohingegen einige andere Measures teilweise in direkte Anlehnung an Wörterbücher mit Maßeinheiten oder Maßzahlen übersetzen und Stück oder Währung als Beispiel nennen [Holthuis (1997b), S. 15]. Measured Facts kann man auch mit Fakten übersetzen, was der Systematik des logischen Star Schemas entsprechen würde. Hierbei werden allerdings die semantische und die logische Ebene der Modellierung vermengt. Im Folgenden wird konzeptionell von (betriebswirtschaftlichen) Kennzahlen gesprochen.

Vielfältige Kennzahlen unterstützen heute die Entscheidungsträger in allen Unternehmensbereichen und auf allen Stufen mit quantitativem Zahlenmaterial bei der Verrichtung ihrer Tätigkeiten [Gabriel/Gluchowski (1997), S. 32]. Als

Kennzahl wird eine Zahl „mit konzentrierter Aussagekraft zur Diagnose, Planung, Überwachung und Steuerung eines Systems" verstanden [Heinrich (1996), S. 386]. Betriebswirtschaftliche Größen werden nicht isoliert analysiert, vielmehr sind sie eng miteinander verwoben und stehen in vielfältigen Beziehungen zueinander. Entsprechende zusammengehörige Verbindungen werden als Kennzahlensystem oder Kennzahlenschema bezeichnet und als Kennzahlenbäume dargestellt. Mit dem Du-Pont-Kennzahlenschema zeigt folgende Abbildung ein entsprechendes Beispiel [vgl. Küting (1983), S. 291f].

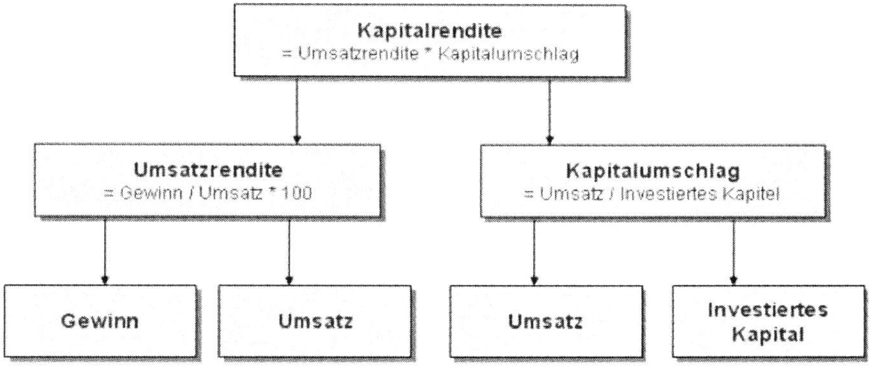

Abb.: Ausschnitt aus dem Du-Pont-Kennzahlensystem

Kennzahlen besitzen Beschreibungsattribute wie Maßeinheit oder Wertebereich, Berechnungsvorschriften, Formatangaben und eine „genaue" Beschreibung. Bei sorgfältiger Bestimmung dieser Informationsinhalte entsteht schließlich ein umfassendes und konsistentes Kennzahlengerüst, das als Ausgangspunkt für weitere Betrachtungen dient. Wichtig ist, dass der jeweiligen Kenngröße ein eindeutiges und unmissverständliches Begriffsverständnis zugrunde liegt. Ein klassisches Beispiel ist die homonyme Verwendung des Begriffes „Auftragsbestand", der aus Sicht des Vertriebs („Kundenaufträge") oder aus Sicht der Produktion („Fertigungsaufträge") zwei völlig unterschiedliche Prozesskennzahlen darstellt.

Analyse-merkmale

Der Zahlenwert einer Kennzahl erweist sich ohne den zugehörigen semantischen Bezug als nichts sagend. Erst in Verbindung mit anderen **(sachlichen) Kriterien** wird der Zahlenwert für den Anwender verständlich und brauchbar. Die logische Anordnung betriebswirtschaftlicher Kennzahlen zu ein oder mehreren sachlichen Kriterien, wie z. B. Kunden, Artikel, Regionen, Zeitperioden, wird als **Multi-dimensionalität** bezeichnet [Gabriel/Gluchowski (1998), S. 494]. Wir bezeichnen diese Kriterien, mit denen eine Kennzahl in Beziehung steht und nach denen sie analysiert werden kann, auch als **Analysemerkmale**.

Attribute

Analysemerkmale werden häufig durch Eigenschaften (Attribute) genauer beschrieben. Eine Filiale besitzt beispielsweise einen Filialleiter, sie liegt in einer bestimmten Stadt, besitzt eine Anschrift mit Hausnummer und ist einem Buchungskreis zugeordnet.

Zu bemerken ist, dass eine Datenanalyse über ein Attribut nicht immer sinnvoll ist, da es ohne semantischen Bezug zu anderen Attributen keine sinnvolle Information ergibt. Was nützt es, wenn man weiß, wie hoch der Umsatz einer Filiale in einer bestimmten Straße ist, wenn man nicht weiß, in welcher Stadt diese Filiale liegt? Eine Auswertung der Umsätze der einzelnen Filialleiter mag dagegen sinnvoll sein, wenn es etwa um die bevorstehende Gehaltserhöhung des Filialleiters geht.

Dimension u. Hierarchien

Analysemerkmale stehen häufig in einer **hierarchischen Beziehung** zueinander. Die verschiedenen Ebenen der hierarchischen Beziehung werden häufig auch als **Konsolidierungsebenen** bezeichnet, da sich Kennzahlen entlang einer Konsolidierungsebene durch Summierung oder Durchschnittsbildung konsolidieren (verdichten) lassen.

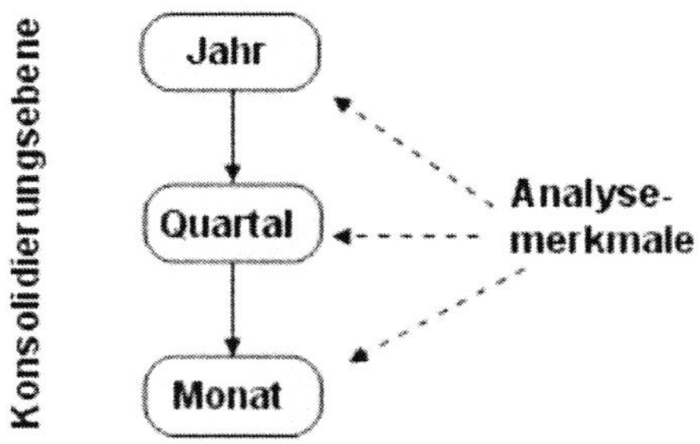

Abb.: Hierarchische Beziehung von Analysekriterien

Man könnte nun aus jedem Analysemerkmal eine eigene Dimension bilden. Dabei geht Strukturinformation verloren, die für die Funktion der Datenanalyse (Dill-Down, Slice&Dice, etc.) jedoch benötigt wird.

Deshalb macht es Sinn, mehrere Analysemerkmale, die hierarchisch in Beziehung stehen, zu einer **Dimension** zusammenzufassen. Solch eine Gruppierung formt die Dimensionsstruktur und bildet den Ausgang für die Navigationspfade entlang der Konsolidierungsebene in der Dimension.

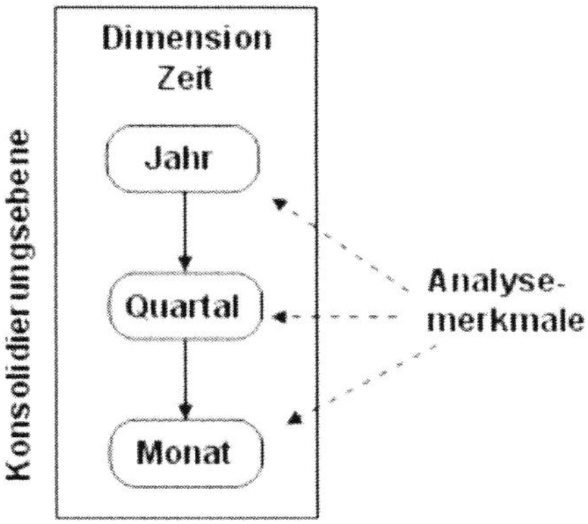

Abb.: Dimension

Additivität von Kennzahlen

Kennzahlen wie Umsatz in Euro oder Absatz in Stück haben die Eigenschaft, dass sie bei der Navigation entlang eines Konsolidierungspfades einer Dimension addiert werden. Die Summe aller Umsätze in den Monaten Januar 2004 bis Dezember 2004 ist gleich der Summe der Umsätze aller Quartale im Jahr 2004. Diese Kennzahl wird als additiv bezeichnet.

Der Mitarbeiterbestand ist ein Beispiel für eine Kennzahl, die nicht additiv ist. Der Mitarbeiterbestand am Ende des 1. Quartal 2004 ist sehr verschieden von Summe der Anzahl der Mitarbeiter an den jeweiligen Monatsenden. Die Kennzahl Mitarbeiterbestand ist bezogen auf die Zeitdimension nicht additiv, bezogen auf eine Dimension, die beispielsweise die Verkaufsorganisation beschreibt, sehr wohl. So kann die Anzahl der Mitarbeiter in den einzelnen Filialen über die Addition zur Anzahl der Mitarbeiter in einem Land addiert werden. Man spricht von semi-additiven Kennzahlen.

Kennzahlen, die Verhältniszahlen, wie etwa Gewinnspannen darstellen, sind bezogen auf keine Dimension additiv und heißen nicht-additiv [Hahne (2005) S. 34].

Hierarchien und Anomalien

Bei der Modellierung von Hierarchien treten immer wieder Probleme auf, die auf unberücksichtigte Modellierungsanomalien zurückzuführen sind. Hinzu kommt, dass oftmals das eingesetzte Datenbanksystem mit diesen speziellen Strukturen nicht umgehen kann.

Unausgeglichene Hierarchiebäume können zu schweren Verdichtungsfehlern beim Drill-Down bzw. Roll-Up führen, die auf den ersten Blick nicht offensichtlich sind. Beispielsweise können im Vertrieb die Verkäufer nach Verkäufergruppen organisiert sein, während in einer kleinen Verkaufsorganisation die Einführung von Verkäufergruppen nicht notwendig erscheint. Bei der Verdichtung von Verkäuferumsätzen auf Verkäufergruppen werden die Umsätze der Verkäufer, die keiner Verkäufergruppe zugeordnet sind, unter Umständen nicht ausgewiesen.

Als **zyklische Konsolidierungspfade** bezeichnet man das Problem, wenn beim Drill-Up unterschiedliche Anteile von Dimensionselementen eine nicht mehr eindeutige Hierarchie ergeben. Dies ist häufig beim Beteiligungscontrolling gegeben, bei dem die gegenseitigen Lieferungen anteilig verrechnet werden Diese Problematik muss von der Anwendungssoftware gelöst werden.

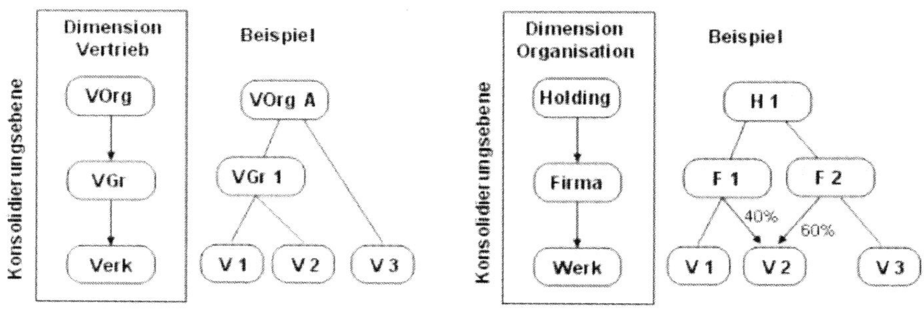

Abb.: Unausgeglichene Hierarchie (links); zyklische Konsolidierungspfade (rechts)

Eine weitere Anomalie tritt auf, wenn die Elemente einer Ebene nicht überschneidungsfrei formuliert sind. So werden beispielsweise unterschiedliche Kundengruppen aus dem Kundenstamm gebildet, die nicht disjunkt sind. Bei der Verdichtung werden somit die Umsätze von Kunden in beiden Kundengruppen geführt, was bei Vergleichen dieser **parallelen Hierarchie** zu falschen Ergebnissen führt.

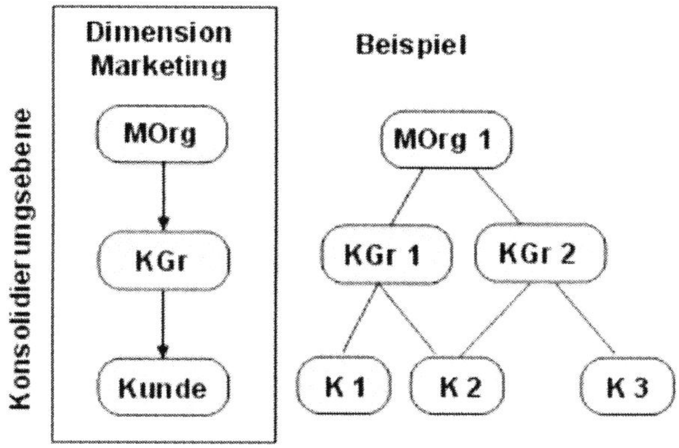

Abb.: Parallele Hierarchie

3.3.2 Historisierung

Die Modellierung von multi-dimensionalen Strukturen hängt häufig von betriebswirtschaftlichen Anforderungen ab. Dabei spielt die Historisierung von Stammdaten eine wichtige Rolle. Die aktuelle Darstellung von Attributen ist zwar die häufigste implementierte Anforderung, in der Realität ändern sich jedoch Objekte über die Zeit. Deshalb gehört eine stichtagsbezogene Darstellung von Attributen zum „Tagesgeschäft" für ein Data Warehouse.

Die historisierte Darstellung von Attributen wird als **Slowly Changing Dimensions** bezeichnet. Wir werden in diesem Kapitel verschiedene Anforderungen und Modellierungsweisen kennen lernen.

Fallbeispiel Wir betrachten das Szenario, dass ein Verkäufer in einem bestimmten Vertriebsbüro arbeitet. Im Laufe der Zeit kann ein Verkäufer das Vertriebsbüro wechseln.

- Bis zum 28.02.2005 arbeitet Verkäufer Huber im Vertriebsbüro Magdeburg.
- Ab dem 01.03.2005 arbeitet Hr. Huber im Vertriebsbüro Montreux.
- Ab dem 01.03.2005 arbeitet Hr. Schulze neu im Vertriebsbüro Magdeburg.

Verkäufer	Vertriebsbüro
Bauer	Magdeburg
Huber	Magdeburg
Maier	Montreux
Schmidt	Montreux

Verkäufer	Vertriebsbüro
Bauer	Magdeburg
Huber	Montreux (verändert)
Maier	Montreux
Schmidt	Montreux
Schulze	Magdeburg (neu)

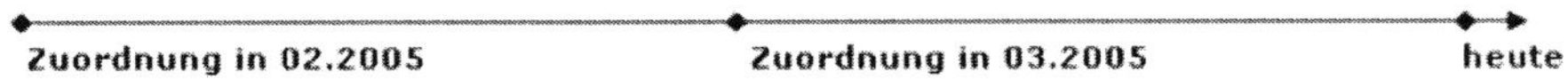

Abb.: zeitliche Veränderungen der Verkäufer zum Vertriebsbüro

Nun stellt sich die Frage, was mit seinen Umsätzen passiert, wenn ein Verkäufer das Vertriebsbüro wechselt. Folgende Anforderungen von Seiten des Managements werden gestellt.

- **Aktuelle Sicht:** "Es kommt mir nur darauf an, zu welchem Vertriebsbüro der Verkäufer gehört, wenn ich die Query ausführe." Das bedeutet, dass auch die ursprünglich in einem anderen Vertriebsbüro angefallenen Umsätze des Verkäufers in der Query für das neue Vertriebsbüro angezeigt werden.
- **Historische Wahrheit:** „Es kommt mir darauf an, zu welchem Vertriebsbüro der Verkäufer zum Zeitpunkt seines Verkaufsvorgangs gehört." Das bedeutet, dass die Umsätze dann beim damals gültigen Verkaufsbüro verbleiben.
- **Zeitabhängigkeit:** „Ich möchte die Möglichkeit haben, einen Stichtag zu definieren. Der Bericht soll auf dem Vertriebsbüro zu diesem Zeitpunkt basieren." Damit kann ich beispielsweise herausgekommen, wie die Umsätze des Vertriebsbüros gewesen wären, wenn der Verkäufer nicht gewechselt hätte.

Aktuelle Sicht

Der Manager, der die **aktuelle Sicht** wünscht, interessiert sich also nur für die Sicht, die beim Zeitpunkt des Abrufes gültig ist. Die historische Entwicklung interessiert ihn nicht. Dies vereinfacht Vergleiche mit Vergangenheitszeiträumen (z.B. Vorjahr). Sein Report wird also ausschließlich mit den Strukturen ab dem 03.2005 gebildet.

Wenn alle Manager in einer Firma nur die aktuelle Darstellung benötigen, bedarf es im Grunde keiner Historisierung der Stammdaten. Deshalb können hierbei die Stammdaten einfach überschrieben werden.

Als Beispiel dient die Betrachtung von Umsätzen eines Verkäufers. Wenn der Verkäufer Huber das Vertriebsbüro wechselt, dann werden alle seine Umsätze seinem aktuellen Vertriebsbüro zugerechnet, auch wenn er zuvor in einem anderen Vertriebsbüro war. Bei der aktuellen Darstellung wird immer die zum Zeitpunkt der Abfrage gültige Zuordnung der Daten angezeigt.

Zuordnung in 02.2005

Verkäufer	Vertriebsbüro
Bauer	Magdeburg
Huber	Magdeburg
Maier	Montreux
Schmidt	Montreux

Zuordnung in 03.2005

Verkäufer	Vertriebsbüro
Bauer	Magdeburg
Huber	Montreux
Maier	Montreux
Schmidt	Montreux
Schulze	Magdeburg

Umsätze in 02.2005 und 03.2005

Verkäufer	Monat	Umsatz
Bauer	02.2005	100.000
Huber	02.2005	150.000
Maier	02.2005	90.000
Schmidt	02.2005	100.000
Bauer	03.2005	140.000
Huber	03.2005	120.000
Maier	03.2005	100.000
Schmidt	03.2005	150.000
Schulze	03.2005	200.000

Aktuelle Sicht

Vertriebsbüro	Verkäufer	Monat	Umsatz
Magdeburg	Bauer	02.2005	100.000
		03.2005	140.000
	Schulze	03.2005	200.000
		Ergebnis	**440.000**
Montreux	Huber	02.2005	150.000
		03.2005	120.000
	Maier	02.2005	90.000
		03.2005	100.000
	Schmidt	02.2005	100.000
		03.2005	150.000
		Ergebnis	**710.000**

Abb.: Beispiel für die aktuelle Sicht

Obige Abbildung zeigt die Auswertung. Die markierten Daten (03.2005) werden zur Auswertung herangezogen. Die vorherigen Zuordnungen (02.2005) werden nicht verwendet.

Historische Wahrheit

Der Manager, der die **historische Wahrheit** benötigt, ist derjenige, der die historische Zuordnung auch innerhalb eines Zeitraumes braucht. Die Daten werden so dargestellt, wie sie in der Datenbank hinterlegt sind.

Da der Verkäufer Huber das Vertriebsbüro wechselte, wird er in der Abfrage zweimal aufgeführt. Erstens mit seinen Umsätzen im alten Vertriebsbüro und zweitens mit seinen Umsätzen im neuen Vertriebsbüro. Im Gegensatz zur stichtagsbezogenen Auswertung werden in der historischen Wahrheit die einzelnen Datensätze in der Umsatztabelle direkt den jeweils gültigen Werten der historischen Zuordnung angezeigt.

Für die Generierung dieser Abfrage ist eine Historisierung der Stammdaten notwendig.

Zuordnung in 02.2005

Verkäufer	Vertriebsbüro
Bauer	Magdeburg
Huber	Magdeburg
Maier	Montreux
Schmidt	Montreux

Zuordnung in 03.2005

Verkäufer	Vertriebsbüro
Bauer	Magdeburg
Huber	Montreux
Maier	Montreux
Schmidt	Montreux
Schulze	Magdeburg

Umsätze in 02.2005 und 03.2005

Verkäufer	Monat	Umsatz
Bauer	02.2005	100.000
Huber	02.2005	150.000
Maier	02.2005	90.000
Schmidt	02.2005	100.000
Bauer	03.2005	140.000
Huber	03.2005	120.000
Maier	03.2005	100.000
Schmidt	03.2005	150.000
Schulze	03.2005	200.000

Historische Sicht

Vertriebsbüro	Verkäufer	Monat	Umsatz
Magdeburg	Bauer	02.2005	100.000
		03.2005	140.000
	Huber	02.2005	150.000
	Schulze	03.2005	200.000
		Ergebnis	**590.000**
Montreux	Maier	02.2005	90.000
		03.2005	100.000
	Huber	03.2005	120.000
	Schmidt	02.2005	100.000
		03.2005	150.000
		Ergebnis	**560.000**

Abb.: Beispiel für die historische Wahrheit

Bei der historischen Wahrheit werden die Umsätze verrechnet wie sie zum Zeitpunkt der Transaktion zugeordnet waren.

Stichtags-bezogene Sicht

Der Manager, der eine **stichtagsbezogene Darstellung** benötigt, interessiert sich für die Situation zu einem bestimmten Stichtag (dies können auch vordefinierte Tage oder Zeitpunkte sein, wie z.B. Quartal, Monatsende, Jahr, etc.). Diese Auswertung ähnelt der aktuellen Darstellung mit dem Unterschied, dass nicht das aktuelle Datum, sondern ein Datum aus der Vergangenheit gewählt wird.

Mit dieser Darstellung lassen sich beispielsweise ehemalige Abfragen wiederherstellen, etwa die Abfrage vom 28.02.2005. Zu diesem Zeitpunkt gehörte der Käufer noch zum Vertriebsbüro Magdeburg. Wird die Menge der auszuwertenden Umsatzdaten ebenfalls zeitlich auf den 28.02.2005 eingeschränkt, so erhalten wir das nachfolgende Ergebnis.

Zuordnung in 02.2005

Verkäufer	Vertriebsbüro
Bauer	Magdeburg
Huber	Magdeburg
Maier	Montreux
Schmidt	Montreux

Zuordnung in 03.2005

Verkäufer	Vertriebsbüro
Bauer	Magdeburg
Huber	Montreux
Maier	Montreux
Schmidt	Montreux
Schulze	Magdeburg

Umsätze in 02.2005 und 03.2005

Verkäufer	Monat	Umsatz
Bauer	02.2005	100.000
Huber	02.2005	150.000
Maier	02.2005	90.000
Schmidt	02.2005	100.000
Bauer	03.2005	140.000
Huber	03.2005	120.000
Maier	03.2005	100.000
Schmidt	03.2005	150.000
Schulze	03.2005	200.000

Stichtag Zuordnung: 28.02.2005
Stichtag Umsätz: 28.02.2005

Vertriebsbüro	Verkäufer	Monat	Umsatz
Magdeburg	Bauer	02.2005	100.000
	Huber	02.2005	150.000
		Ergebnis	**250.000**
Montreux	Maier	02.2005	90.000
	Schmidt	02.2005	100.000
		Ergebnis	**190.000**

Abb.: Beispiel für eine stichtagsbezogene Sicht

Auch lassen sich die Folgen einer Veränderung nachvollziehen. So kann es beispielsweise wünschenswert sein, die Situation zu simulieren, als hätte der Verkäufer **nicht** gewechselt. Dazu wird in der Abfrage einerseits ein Stichtag angegeben, der die Zuordnung der Verkäufer zum Vertriebsbüro Magdeburg bestimmt (z. B. 28.02.2005), andererseits die Umsatzdaten zeitlich nicht eingeschränkt, so lassen sich die Umsätze der Vertriebsbüros anzeigen, als wäre die Zuordnung von 02.2005 noch aktuell. Damit lässt sich also simulieren, wie ein Bericht aussehen würde, wenn der Verkäufer nicht gewechselt hätte. Zum Vergleich wählen wir dann noch die aktuelle Sicht.

Zuordnung in 02.2005

Verkäufer	Vertriebsbüro
Bauer	Magdeburg
Huber	Magdeburg
Maier	Montreux
Schmidt	Montreux

Zuordnung in 03.2005

Verkäufer	Vertriebsbüro
Bauer	Magdeburg
Huber	Montreux
Maier	Montreux
Schmidt	Montreux
Schulze	Magdeburg

Umsätze in 02.2005 und 03.2005

Verkäufer	Monat	Umsatz
Bauer	02.2005	100.000
Huber	02.2005	150.000
Maier	02.2005	90.000
Schmidt	02.2005	100.000
Bauer	03.2005	140.000
Huber	03.2005	120.000
Maier	03.2005	100.000
Schmidt	03.2005	150.000
Schulze	03.2005	200.000

Stichtag Zuordnung: 28.02.2005
Stichtag Umsätze: heute

Vertriebsbüro	Verkäufer	Monat	Umsatz
Magdeburg	Bauer	02.2005	100.000
		03.2005	140.000
	Huber	02.2005	150.000
		03.2005	120.000
	Schulze	03.2005	200.000
		Ergebnis	**710.000**
Montreux	Maier	02.2005	90.000
		03.2005	100.000
	Schmidt	02.2005	100.000
		03.2005	150.000
		Ergebnis	**440.000**

Abb.: Beispiel für eine stichtagsbezogene Sicht

Technische Umsetzung

Für die systemtechnische Umsetzung dieser Berichtsanforderung stehen folgende Möglichkeiten zur Verfügung [Hahne, 2005, S. 37f.]:

1. Anpassung des historischen Datenmaterials an neue Strukturen. Dabei gehen die alten Strukturen verloren.
2. Speicherung des historischen Datenbestandes. Dabei können alte Auswertungen abgerufen werden, dies wird aber mit einem größeren Datenvolumen und einer aufwändigen Aktualisierung erkauft.
3. Aufbau paralleler Hierarchien. Dadurch können alte Werte mit beliebigen Strukturen angezeigt werden.
4. Historisierung mit Zeitstempel. Dies ermöglicht maximale Flexibilität für das Berichtswesen. Nachteilig ist die schlechtere Performance, die durch das Auswerten der zeitinvarianten Daten entsteht.

Wir kommen auf die Umsetzung in einem späteren Kapitel nochmals zurück.

3.3.3 Methodisches Vorgehen

Obwohl sich die transaktionsorientierte Modellierung mit Hilfe eines Entity-Relationship-Modells (ERM) anscheinend sehr stark von der Modellierung eines multi-dimensionalen Datenmodells unterscheidet, stellen Entity-Relationship-Modelle eine elegante Möglichkeit dar, ein multi-dimensionales Datenmodell für die spätere Umsetzung im Data Warehouse zu erstellen.

Der Grund für die oft überwältigende Komplexität der ERMs ist darin zu sehen, dass sie in einer einzigen Darstellung oft mehrere Geschäftsprozesse gleichzeitig abbilden. So werden nicht selten Auftragseingang, Warenausgang, Rechnungsstellung und Zahlungseingang in einem ERM dargestellt, obwohl diese Prozesse eigentlich nie zur gleichen Zeit ablaufen können. Wir nutzen deshalb die Methodik zur Erstellung (Konstruktion) eines ERM, das lediglich eine Sicht auf die relevanten Steuerungsgrössen eines Geschäftsprozessen abzubilden braucht. Dabei werden die Ergebnisse der Anforderungsanalyse dargestellt [Kimball et al. (1998), S. 146]. Man geht dabei wie folgt vor:

1. Schritt: Bestandsaufnahme
2. Schritt: Klärung der Fachbegriffe
3. Schritt: Bilden von Dimensionen
4. Schritt: Darstellung als multi-dimensionaler Datenraum

Wir zeigen das Vorgehen anhand unserer Fallstudie.

3.4 Modellierung der Fallstudie

Auf Basis unserer Fallstudie sollen die Grundlagen der multi-dimensionalen Modellierung verdeutlicht werden.

Die Motorsport AG ist ein mittelständisches Unternehmen mit Sitz in **Magdeburg**. Das Unternehmen ist Hersteller von Motorrädern und handelt darüber hinaus mit Zubehörteilen. Zwei Tochterunternehmen befinden sich in **München** (Motorsport München GmbH) und **Montreux** (Motorsport Montreux S.A).

Die Firmengruppe verkauft ihre Produkte an den Gross- und Einzelhandel. Darüber hinaus wurde vor kurzem mit dem Internet ein weiterer Vertriebskanal für den Direktverkauf erschlossen. Der Verkauf von

Motorrädern und Zubehör der Zentrale in Magdeburg erfolgt in den Verkaufsstellen "Bike Studio Magdeburg" und "Bike Studio Berlin". Der Vertrieb der Münchner Tochtergesellschaft wird über das Verkaufsbüro "Motorcycles München" abgewickelt. In Montreux findet der Verkauf im Studio "de Velomoteur" statt.

Um durch größere Volumina entsprechende Größenvorteile bei der Beschaffung erzielen zu können, werden die Rohstoffe und Vorprodukte für die eigene Produktion der Motorräder zentral beschafft. Der Einkauf der Zubehörteile erfolgt dagegen dezentral, um so schneller und flexibler auf die unterschiedlichen Bedürfnisse der Kunden vor Ort eingehen zu können.

Die nachfolgende Abbildung zeigt einen typischen Monatsbericht, den der Leiter der Verkaufsabteilung von der IT-Abteilung per email zugeschickt bekommt. So oder ähnlich sehen auch die anderen Berichte aus, die er zugestellt bekommt. Detailinformation bezieht er dann mühsam direkt aus dem Vertriebsabwicklungssystem.

Vertriebsdaten für Monat 01.2005

Monat	Buchungskreis	Land	Verkaufsbüro	Vertriebsweg	Sparte	Artikel	Verkaufsleiter	Umsatz	Netto	Rabatt	Menge	Preis
01.2005	Motorsport GmbH	Deutschland	München	Großhandel	Bekleidung	Jacke XL 2341	Hr. Huber	9.519,94 EUR	8.567,94 EUR	952,00 EUR	21 ST	226,67 EUR
01.2005	Motorsport GmbH	Deutschland	München	Großhandel	Helme	Helm KS 199	Hr. Huber	8.856,50 EUR	7.970,85 EUR	885,65 EUR	22 ST	205,96 EUR
01.2005	Motorsport GmbH	Deutschland	München	Großhandel	Technik	TÜV	Hr. Huber	10.050,89 EUR	9.045,81 EUR	1.005,08 EUR	16 ST	257,71 EUR
01.2005	Motorsport GmbH	Deutschland	München	Großhandel	Straßenmotorrad	XKR 2000	Hr. Huber	278.509,19 EUR	250.658,27 EUR	27.850,92 EUR	29 ST	19.207,53 EUR
01.2005	Motorsport GmbH	Deutschland	München	Großhandel	Motocross	VS 1388	Hr. Huber	310.510,36 EUR	279.459,33 EUR	31.051,03 EUR	38 ST	16.342,66 EUR
01.2005	Motorsport GmbH	Deutschland	München	Großhandel	Roller	RS 1000	Hr. Huber	121.672,53 EUR	109.505,27 EUR	12.167,26 EUR	42 ST	5.793,94 EUR
01.2005	Motorsport GmbH	Deutschland	München	Einzelhandel	Bekleidung	Jacke XL 2341	Hr. Huber	7.479,94 EUR	7.105,94 EUR	374,00 EUR	16 ST	249,33 EUR
01.2005	Motorsport GmbH	Deutschland	München	Einzelhandel	Helme	Helm KS 199	Hr. Huber	6.796,85 EUR	6.457,00 EUR	339,85 EUR	18 ST	226,56 EUR
01.2005	Motorsport GmbH	Deutschland	München	Einzelhandel	Technik	TÜV	Hr. Huber	9.071,57 EUR	8.617,99 EUR	453,58 EUR	14 ST	283,49 EUR
01.2005	Motorsport GmbH	Deutschland	München	Einzelhandel	Straßenmotorrad	XKR 2000	Hr. Huber	285.231,82 EUR	270.970,23 EUR	14.261,59 EUR	27 ST	21.128,28 EUR
01.2005	Motorsport GmbH	Deutschland	München	Einzelhandel	Motocross	VS 1388	Hr. Huber	323.584,47 EUR	307.405,25 EUR	16.179,22 EUR	36 ST	17.976,92 EUR
01.2005	Motorsport GmbH	Deutschland	München	Einzelhandel	Roller	RS 1000	Hr. Huber	137.026,44 EUR	130.175,12 EUR	6.851,32 EUR	43 ST	6.373,32 EUR
01.2005	Motorsport GmbH	Deutschland	München	Internet	Bekleidung	Jacke XL 2341	Hr. Huber	9.370,33 EUR	8.714,40 EUR	655,93 EUR	22 ST	240,26 EUR
01.2005	Motorsport GmbH	Deutschland	München	Internet	Helme	Helm KS 199	Hr. Huber	7.641,30 EUR	7.106,41 EUR	534,89 EUR	18 ST	218,32 EUR
01.2005	Motorsport GmbH	Deutschland	München	Internet	Technik	TÜV	Hr. Huber	12.566,18 EUR	11.686,55 EUR	879,63 EUR	24 ST	273,18 EUR
01.2005	Motorsport GmbH	Deutschland	München	Internet	Straßenmotorrad	XKR 2000	Hr. Huber	366.479,67 EUR	340.826,09 EUR	25.653,58 EUR	36 ST	20.359,98 EUR
01.2005	Motorsport GmbH	Deutschland	München	Internet	Motocross	VS 1388	Hr. Huber	251.186,53 EUR	233.603,48 EUR	17.583,05 EUR	29 ST	17.323,20 EUR
01.2005	Motorsport GmbH	Deutschland	München	Internet	Roller	RS 1000	Hr. Huber	135.114,44 EUR	125.656,42 EUR	9.458,02 EUR	44 ST	6.141,56 EUR
01.2005	Motorsport Montreux	Schweiz	Montreux	Großhandel	Bekleidung	Jacke XL 2341	Fr. Hemmi	11.277,72 CHF	10.149,95 CHF	1.127,77 CHF	18 ST	375,92 CHF
01.2005	Motorsport Montreux	Schweiz	Montreux	Großhandel	Helme	Helm KS 199	Fr. Hemmi	6.831,86 CHF	6.148,68 CHF	683,18 CHF	10 ST	341,59 CHF
01.2005	Motorsport Montreux	Schweiz	Montreux	Großhandel	Technik	TÜV	Fr. Hemmi	15.387,14 CHF	13.848,43 CHF	1.538,71 CHF	19 ST	427,42 CHF
01.2005	Motorsport Montreux	Schweiz	Montreux	Großhandel	Straßenmotorrad	XKR 2000	Fr. Hemmi	366.340,42 CHF	329.706,38 CHF	36.634,04 CHF	23 ST	31.855,68 CHF
01.2005	Motorsport Montreux	Schweiz	Montreux	Großhandel	Motocross	VS 1388	Fr. Hemmi	338.803,57 CHF	304.923,21 CHF	33.880,36 CHF	25 ST	27.104,28 CHF
01.2005	Motorsport Montreux	Schweiz	Montreux	Großhandel	Roller	RS 1000	Fr. Hemmi	91.287,71 CHF	82.158,94 CHF	9.128,77 CHF	19 ST	9.609,24 CHF
01.2005	Motorsport Montreux	Schweiz	Montreux	Einzelhandel	Bekleidung	Jacke XL 2341	Fr. Hemmi	14.059,55 CHF	13.356,58 CHF	702,97 CHF	18 ST	413,52 CHF
01.2005	Motorsport Montreux	Schweiz	Montreux	Einzelhandel	Helme	Helm KS 199	Fr. Hemmi	10.896,81 CHF	10.351,97 CHF	544,84 CHF	18 ST	375,75 CHF
01.2005	Motorsport Montreux	Schweiz	Montreux	Einzelhandel	Technik	TÜV	Fr. Hemmi	11.754,06 CHF	11.166,36 CHF	587,70 CHF	14 ST	470,16 CHF
01.2005	Motorsport Montreux	Schweiz	Montreux	Einzelhandel	Straßenmotorrad	XKR 2000	Fr. Hemmi	578.180,75 CHF	549.271,71 CHF	28.909,04 CHF	33 ST	35.041,26 CHF
01.2005	Motorsport Montreux	Schweiz	Montreux	Einzelhandel	Motocross	VS 1388	Fr. Hemmi	402.498,63 CHF	382.373,70 CHF	20.124,93 CHF	27 ST	29.814,72 CHF
01.2005	Motorsport Montreux	Schweiz	Montreux	Einzelhandel	Roller	RS 1000	Fr. Hemmi	163.837,42 CHF	155.645,55 CHF	8.191,87 CHF	31 ST	10.570,16 CHF
01.2005	Motorsport Montreux	Schweiz	Montreux	Internet	Bekleidung	Jacke XL 2341	Fr. Hemmi	11.157,42 CHF	10.376,40 CHF	781,02 CHF	14 ST	398,48 CHF
01.2005	Motorsport Montreux	Schweiz	Montreux	Internet	Helme	Helm KS 199	Fr. Hemmi	11.586,83 CHF	10.775,75 CHF	811,08 CHF	14 ST	362,09 CHF
01.2005	Motorsport Montreux	Schweiz	Montreux	Internet	Technik	TÜV	Fr. Hemmi	14.498,10 CHF	13.483,24 CHF	1.014,86 CHF	14 ST	453,07 CHF
01.2005	Motorsport Montreux	Schweiz	Montreux	Internet	Straßenmotorrad	XKR 2000	Fr. Hemmi	422.087,87 CHF	392.541,72 CHF	29.546,15 CHF	25 ST	33.767,02 CHF
01.2005	Motorsport Montreux	Schweiz	Montreux	Internet	Motocross	VS 1388	Fr. Hemmi	359.131,77 CHF	333.992,54 CHF	25.139,23 CHF	25 ST	28.730,54 CHF
01.2005	Motorsport Montreux	Schweiz	Montreux	Internet	Roller	RS 1000	Fr. Hemmi	193.529,96 CHF	179.982,86 CHF	13.547,10 CHF	38 ST	10.185,78 CHF

Abb. Monatsbericht des Vertriebsleiters

Der Leiter der Verkaufsabteilung ist unzufrieden mit der bisherigen IT-Lösung. Er bemängelt

- schlechte Verfügbarkeit für Mitarbeiter, die sich im Außendienst befinden
- schlechte Performance der bisherigen Berichte
- unterschiedliche und unklare Definition der unterschiedlichen Kennzahlen

- mangelhafte Flexibilität des Berichts hinsichtlich Filter- und Gruppierungskriterien
- mangelhafte Zeitnähe (Monatsbericht statt Tagesbericht)
- schwierige Handhabung verschiedener Währungen (EURO, CHF).
- historische Entwicklung der Umsätze fehlt

Er ist am Monatsbeginn häufig mehrere Tage damit beschäftigt, die zugesandten Berichte auszuwerten und den Monatsbericht für das Management fertig zu stellen.

3.4.1 Erste Bestandaufnahme

1. Schritt: Eine Analyse der aktuellen Berichte, bei dem die Kennzahlen und Analysekriterien erfasst werden, ergibt folgendes Bild. Die fettgedruckten Kennzahlen und Merkmale haben wir aus dem obigen Monatsbericht für den Vertriebsleiter entnommen.

Klärung der Begriffe

Kennzahlen	**Vertriebs-bericht**	Provisions-bericht	Produktions auswertung	...	**Bemerkung**
Umsatz	X	X			Welche Währung? Wie berechnet?
Netto	X	X			Welche Währung? Wie berechnet?
Preis	X	X			Welche Währung? Wie berechnet?
Rabatt	X	X			Welche Währung?
Verkaufsmenge	X		X		Welche Einheit?
Verrechnungspreis			X		Welche Währung? Wie berechnet?

Analysemerkmale	**Vertriebs-bericht**	Provisions-bericht	Produktions auswertung	...	**Bemerkung**
Basismengeneinheit	X		X		Einheit des Artikels
Artikel-Nr.			X		Artikel-Nr. im Vertrieb
Artikel-Bezeichnung	X				Artikel-Bezeichnung im Vertrieb
Sparte	X				Sparte zu dem der Artikel gehört
Jahr		X	X		4stellige Jahrbezeichnung
Quartal		X	X		Quartal, zu dem der Monat gehört
Monat	X	X			Monat im Format JJJJ.MM
Vertriebsweg	X				Gruppierung der Vertriebskanäle
Verkaufsbüro	X				Bezeichnung des Verkaufsbüro
Verkaufsleiter	X		X		Leiter des Verkaufsbüro
Land	X				Land des Verkaufsbüro
Buchungskreis	X				Buchungskreis für Verkaufsbüro
Landeswährung	X				Währung des Buchungskreis

Abb.: Bestandaufnahme der Reportinganforderungen

3.4.2 Klärung der Fachbegriffe

2. Schritt: Wenn Daten aus verschiedenen Quellen in einer konsolidierten Form zusammengeführt werden, ist es absolut notwendig, dass Klarheit und Einigkeit über die verwendeten Begriffe besteht. Nach einer Studie der Wirtschaftsvereinigung „The Conference Board" und der Unternehmensberatung Price Waterhouse bleiben mehr als die Hälfte aller Data-Warehouse-Projekte hinter dem Terminplan zurück oder geraten sogar ins Stocken. Am schwierigsten sei es, die Produktivdaten zu bereinigen und so aufzubereiten, dass alle Nutzer sie verstehen können. So provoziert der Aufbau eines Data Warehouse Diskussionen zum Thema Terminologie und fördert so den Aufbau eines gemeinsamen Verständnisses für das Geschäft.

Sprachliche Defekte wie Synonyme (sind aufzuzeigen), Homonyme (sind aufzulösen), Äquipollenzen (sind aufzudecken), Vagheiten (sind zu präzisieren) und falsche Bezeichner (sind zu ersetzen) sind zu erkennen und zu beseitigen. Die Schwierigkeit liegt darin, den betrieblichen Sprachgebrauch an die neuen Festlegungen anzugleichen. Die Durchsetzung der Begriffsstandards ist i. d. R. zwar schwierig, stellt aber den einzigen Weg zur allgemeinen Akzeptanz des zu entwickelnden Anwendungssystems dar. Im Bereich der analytischen Informationssysteme ist das unternehmensweit einheitliche Verständnis der zugrunde liegenden Begriffe um so bedeutungsvoller, da die beschriebenen Informationsobjekte die direkte und unmissverständliche Interpretation der Kennzahlen(systeme) darstellen.

Kennzahlen	Definition
Bruttoumsatz in Landeswährung	Der Bruttoumsatz ist die Summe der Umsätze na
Nettoumsatz in Landeswährung	Nettoumsatz = Bruttoumsatz - Rabatte. Ausgesch
Produktpreis je Einheit in Landeswährung	Produktpreis = Bruttoumsatz / Verkaufsmenge. D
Rabatt in Landeswährung	Rabatte werden im Allgemeinen gewährt für Kund
Verkaufsmenge in Basismengeneinheit	Die Verkaufsmenge erfolgt in Basismengeneinhei
Verrechnungspreis je Einheit in Landeswährung	Der interne Verrechnungspreis dient der innerbet

Analysemerkmale	Definition
Basismengeneinheit	Einheit des Artikels. Die Einheit wird bei Fertigerz
Artikel-Nr.	Artikel-Nr. im Vertrieb. Sie ist 8stellig und wird be
Artikel-Bezeichnung	Artikel-Bezeichnung im Vertrieb. Die Materialwirts
Sparte	Sparte zu dem der Artikel gehört. Die Einteilung e
Jahr	4stellige Jahrbezeichnung
Quartal	Quartal, zu dem der Monat gehört. Format: Q.JJJJ
Monat	Monat im Format JJJJ.MM
Vertriebsweg	Gruppierung der Vertriebskanäle. Die Erstellung ü
Verkaufsbüro	Bezeichnung des Verkaufsbüro
Verkaufsleiter	Leiter des Verkaufsbüro. Zeitabhängige Einteilung
Land	Land des Verkaufsbüro
Buchungskreis	Buchungskreis für Verkaufsbüro. Buchhalterische
Landeswährung	Währung des Buchungskreis. Die Umrechnungsar

Abb.: Klärung der Fachbegriffe

3.4.3 Bilden von Dimensionen

Nun werden Strukturen geschaffen um die Menge der Analysemerkmale zu ordnen. Aus den Strukturen lässt sich dann der OLAP-Würfel erzeugen. Um unser Beispiel nicht unnötig zu komplizieren, reduzieren wir die Anzahl der Analysemerkmale auf die Menge der Merkmale im obigen Vertriebsbericht. In der Realität entsteht bei der Informationsbedarfsanalyse rasch eine Liste mit 80 und mehr Analysemerkmalen.

3. Schritt: Zunächst ist es sinnvoll, die Analysemerkmale grob zu gruppieren und daraus gemeinsame Dimensionen zu bilden. Artikel, Basismengeneinheit und Sparte sind Begriffe, die etwas mit einem **Produkt** zu tun haben. Jahr, Quartal und Monat sind **Zeitbegriffe.** Vertriebsweg, Verkaufsbüro etc. sind Begriffe, die aus dem **Vertrieb** stammen. Die Kennzahlen subsumieren wir unter der Überschrift **Umsatzanalyse**.

Natürlich hätte man die Sparte auch der Dimension **Vertrieb** zuordnen können oder die Dimension **Produkt** auch als Dimension **Artikel** bezeichnen können. Auch hätte man die Kennzahlen anders strukturieren können: für die Preisinformationen hätte man unter der Überschrift **Preisanalyse** zusammenfassen können.

Hier kommt es primär auf die Zusammenarbeit mit Endanwendern an, die letztendlich den OLAP-Würfel benutzen werden.

	Kennzahlen
Umsatzanalyse	Bruttoumsatz in Landeswährung
	Nettoumsatz in Landeswährung
	Produktpreis je Einheit in Landeswährung
	Rabatt in Landeswährung
	Verkaufsmenge in Basismengeneinheit
	Verrechnungspreis je Einheit in Landeswährung

	Analysemerkmale
Produkt	Basismengeneinheit
	Artikel-Nr.
	Artikel-Bezeichnung
	Sparte
Zeit	Jahr
	Quartal
	Monat
Vertrieb	Vertriebsweg
	Verkaufsbüro
	Verkaufsleiter
	Land
	Buchungskreis
	Landeswährung

Abb.: Bilden von Dimensionen

3.4.4 Multi-dimensionale Datenräume

Die betriebswirtschaftlichen Kennzahlen sind numerische Werte, die den Mittelpunkt der Datenanalyse bilden. Sie repräsentieren in der Regel monetäre Werte oder Mengen, die im zeitlichen Verlauf über Geschäftstransaktionen anfallen. Dimensionen dagegen sind deskriptiver Natur. Sie ermöglichen unterschiedliche Sichten auf die Kennzahlen und ermöglichen es, die Kennzahlen unterschiedlich zu gruppieren und zu analysieren. Dimensionen besitzen Analysemerkmale, zwischen denen häufig hierarchische Beziehungen bestehen.

Die nachfolgende Abbildung zeigt eine Darstellung, wie sie häufig im Bereich der Entity-Relationship-Modellierung verwendet wird.

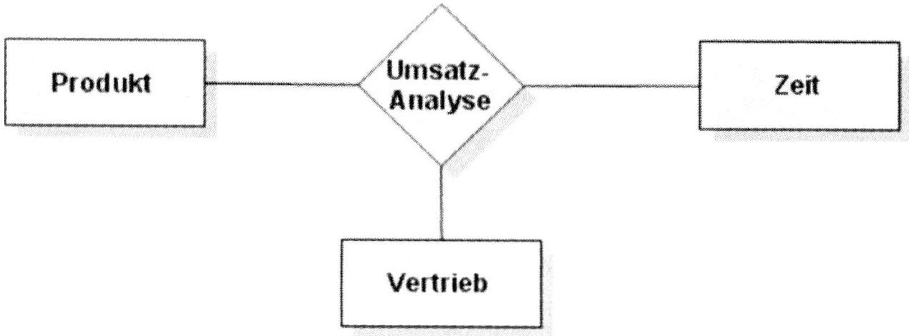

Abb.: Darstellung der Analysemerkmale als einfaches Star Schema

Auf der semantischen Ebene repräsentieren die Dimensionen die Entitätstypen, während der OLAP-Würfel einen komplexen Beziehungstyp der involvierten Entitätstypen darstellt.

4 Logische Modellierung

Das Data Warehouse kann grundsätzlich irgendein Datenbanksystem sein, das für die Verarbeitung sehr großer Datenmengen geeignet ist. In der Praxis sind dies meistens relationale oder multidimensionale Datenbanken, die speziell für die Verarbeitung von Warehouse-Daten erweitert sind. Dieses Kapitel stellt die beiden Typen von Datenbanksystemen vor, um die Anforderungen an Data-Warehouse-Datenbanksysteme zu verdeutlichen.

4.1 Relationales OLAP (ROLAP)

Relationales OLAP bedeutet, dass die Daten, wie in relationalen Datenbank-Management-Systemen (DBMS) üblich, in Tabellen gehalten werden, die über Schlüssel miteinander verbunden sind. Dabei werden die multi-dimensionalen Daten in einer besonderen Weise auf Datenbanksstrukturen (auch **Datenbankschema** genannt) abgebildet, die als **Star Schema** bezeichnet wird.

4.1.1 Star Schema

Das Star-Schema ist ein Ansatz zur Speicherung multidimensionaler Datenstrukturen in relationalen Datenbanksystemen [Kimball (1996), S. 10ff].

Die grundlegende Idee des Star-Schemas ist die Klassifikation von Daten in zwei Gruppen: Fakten und Dimensionen. Fakten sind in der Regel numerisch und stehen im Mittelpunkt der Datenanalyse. Demgegenüber besitzen Dimensionen deskriptiven Charakter und repräsentieren die relevanten Analysemerkmale.

Beide Datengruppen - Fakten und Dimensionen - werden in Tabellen gehalten. Im Zentrum des Star-Schemas steht die Fakttabelle mit den entsprechenden Daten, welche die zu analysierenden Kennzahlen repräsentieren. Um die Fakttabelle herum ist für jede Dimension eine Tabelle angeordnet, die nur mit der Fakttabelle verknüpft ist [Holthuis (1996), S. 202]. Hieraus entsteht eine sternförmige Anordnung der Tabellen. Somit stehen - in Analogie zum multidimensionalen Würfel - in der Fakttabelle die gleichen Werte wie in den Zellen des Würfels. Die Anzahl der möglichen Datensätze in der Fakttabelle entspricht der Anzahl der belegten Zellen.

Darstellung der Fallstudie

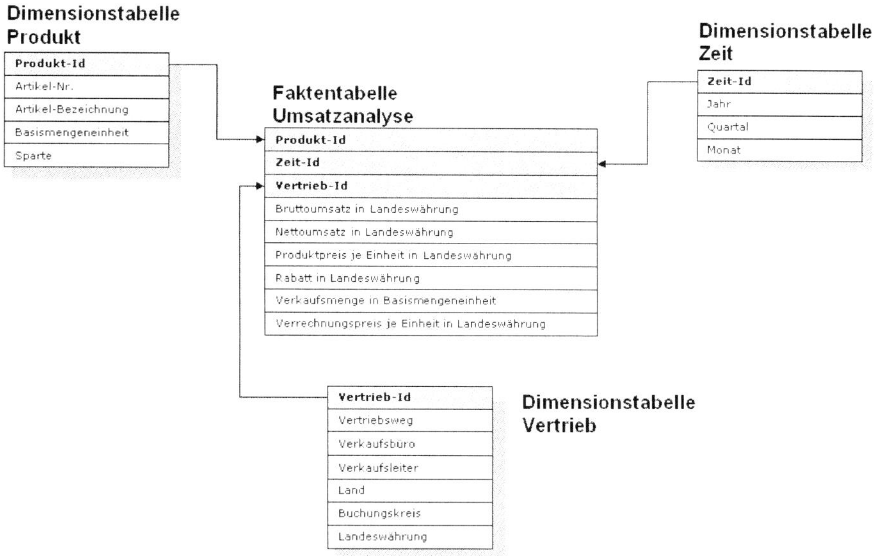

Abb.: Beispiel eines Star Schema

Die obige Abbildung zeigt das Star Schema aus unserer Fallstudie. Die Faktentabelle besitzt als Primärschlüssel einen zusammengesetzten Schlüssel der involvierten Dimensionstabellen. Die Dimensionstabellen besitzen jeweils neben einem Primärschlüssel ein oder mehrere Attribute.

Inhalte des Star Schema

Den Inhalt der Dimensionstabellen zeigt die nachfolgende Abbildung.

Dimensionstabelle Produkt

Produkt-Id	Artikel-Nr.	Artikel-Bezeichnung	Sparte	Basismengeneinheit
1	123953	Jacke XL 2341	Bekleidung	Stück
2	423432	Helm KS 199	Helme	Stück
3	848329	TÜV	Technik	Stück
4	784758	XKR 2000	Straßenmotorrad	Stück
5	784500	VS 1388	Motocross	Stück
6	785374	RS 1000	Roller	Stück

Dimensionstabelle Zeit

Zeit-Id	Monat	Quartal	Jahr
1	01.2005	Q1	2005
2	02.2005	Q1	2005
3	03.2005	Q1	2005
4	04.2005	Q2	2005
5	05.2005	Q2	2005
6	06.2005	Q2	2005

Dimensionstabelle Vertrieb

Verkauf-Id	Vertriebsweg	Verkaufsbüro	Verkaufsleiter	...
1	Großhandel	München	Hr. Huber	...
2	Einzelhandel	München	Hr. Huber	...
3	Internet	München	Hr. Huber	...
4	Großhandel	Montreux	Fr. Hemmi	...
5	Einzelhandel	Montreux	Fr. Hemmi	...
6	Internet	Montreux	Fr. Hemmi	...

Faktentabelle Umsatzanalyse

Produkt-Id	Zeit-Id	Verkauf-Id	Umsatz	Netto	Rabatt	Menge	Preis
1	1	1	9.519,94 EUR	8.567,94 EUR	952,00 EUR	21 ST	226,67 EUR
2	1	2	8.856,50 EUR	7.970,85 EUR	885,65 EUR	22 ST	205,96 EUR
3	1	3	10.050,89 EUR	9.045,81 EUR	1.005,08 EUR	16 ST	257,71 EUR
4	1	1	278.509,19 EUR	250.658,27 EUR	27.850,92 EUR	29 ST	19.207,53 EUR
5	1	2	310.510,36 EUR	279.459,33 EUR	31.051,03 EUR	38 ST	16.342,66 EUR
6	1	3	121.672,53 EUR	109.505,27 EUR	12.167,26 EUR	42 ST	5.793,94 EUR
1	1	1	7.479,94 EUR	7.105,94 EUR	374,00 EUR	16 ST	249,33 EUR
2	1	2	6.796,85 EUR	6.457,00 EUR	339,85 EUR	18 ST	226,56 EUR
3	1	3	9.071,57 EUR	8.617,99 EUR	453,58 EUR	14 ST	283,49 EUR
4	1	1	285.231,82 EUR	270.970,23 EUR	14.261,59 EUR	27 ST	21.128,28 EUR
5	1	2	323.584,47 EUR	307.405,25 EUR	16.179,22 EUR	36 ST	17.976,92 EUR
6	1	3	137.026,44 EUR	130.175,12 EUR	6.851,32 EUR	43 ST	6.373,32 EUR
1	1	1	9.370,33 EUR	8.714,40 EUR	655,93 EUR	22 ST	240,26 EUR
2	1	2	7.641,30 EUR	7.106,41 EUR	534,89 EUR	18 ST	218,32 EUR
3	1	3	12.566,18 EUR	11.686,55 EUR	879,63 EUR	24 ST	273,18 EUR
4	1	1	366.479,67 EUR	340.826,09 EUR	25.653,58 EUR	36 ST	20.359,98 EUR
5	1	2	251.186,53 EUR	233.603,48 EUR	17.583,05 EUR	29 ST	17.323,20 EUR
6	1	3	135.114,44 EUR	125.656,42 EUR	9.458,02 EUR	44 ST	6.141,56 EUR
1	1	4	11.277,72 CHF	10.149,95 CHF	1.127,77 CHF	18 ST	375,92 CHF
2	1	5	6.831,86 CHF	6.148,68 CHF	683,18 CHF	10 ST	341,59 CHF
3	1	6	15.387,14 CHF	13.848,43 CHF	1.538,71 CHF	19 ST	427,42 CHF
4	1	4	366.340,42 CHF	329.706,38 CHF	36.634,04 CHF	23 ST	31.855,68 CHF
5	1	5	338.803,57 CHF	304.923,21 CHF	33.880,36 CHF	25 ST	27.104,28 CHF
6	1	6	91.287,71 CHF	82.158,94 CHF	9.128,77 CHF	19 ST	9.609,24 CHF
1	1	4	14.059,55 CHF	13.356,58 CHF	702,97 CHF	18 ST	413,52 CHF
2	1	5	10.896,81 CHF	10.351,97 CHF	544,84 CHF	18 ST	375,75 CHF
3	1	6	11.754,06 CHF	11.166,36 CHF	587,70 CHF	14 ST	470,16 CHF
4	1	4	578.180,75 CHF	549.271,71 CHF	28.909,04 CHF	33 ST	35.041,26 CHF
5	1	5	402.498,63 CHF	382.373,70 CHF	20.124,93 CHF	27 ST	29.814,72 CHF
6	1	6	163.837,42 CHF	155.645,55 CHF	8.191,87 CHF	31 ST	10.570,16 CHF
1	1	4	11.157,42 CHF	10.376,40 CHF	781,02 CHF	14 ST	398,48 CHF
2	1	5	11.586,83 CHF	10.775,75 CHF	811,08 CHF	14 ST	362,09 CHF
3	1	6	14.498,10 CHF	13.483,24 CHF	1.014,86 CHF	14 ST	453,07 CHF
4	1	4	422.087,87 CHF	392.541,72 CHF	29.546,15 CHF	25 ST	33.767,02 CHF
5	1	5	359.131,77 CHF	333.992,54 CHF	25.139,23 CHF	25 ST	28.730,54 CHF
6	1	6	193.529,96 CHF	179.982,86 CHF	13.547,10 CHF	38 ST	10.185,78 CHF

Abb.: Inhalt der Faktentabelle und der 3 Dimensionstabellen Produkt, Zeit, Vertrieb

Die drei Fremdschlüssel der Faktentabelle legen für jeden Datensatz ein Produkt, einen Vertrieb und einen Zeitpunkt fest. Dadurch bestimmen sie die Koordinaten der Zelle eines OLAP-Würfels. In dieser Zelle stehen die Kennzahlen, wie etwa Umsatz, Rabatt oder Preis.

Performance

Während in der Faktentabelle die Bewegungsdaten enthalten sind, beinhalten die Tabellen der einzelnen Analysemerkmale der Dimensionen die Stammdaten. Die Anzahl der Dimensionen liegt in der Realität oft zwischen 10 und 20, wobei jede Dimension wiederum 10 bis 20 Analysemerkmale enthält. Wenn die Modelle "sauber" (d. h. ohne irgendwelche "Sonderbarkeiten") erstellt wurden, verwenden sie möglichst viele der Dimensionen immer wieder.

Für Datenbank-Kenner sei an dieser Stelle bereits angemerkt, dass die Dimensionstabellen nicht normalisiert sind. Das bedeutet, dass in den Dimensionstabellen bewusst eine Redundanz in den Daten vorgehalten und kontrolliert wird. Dies hat direkte Auswirkung auf die Performance einer Abfrage.

In der Realität beinhaltet eine Faktentabelle mit weitem Abstand die meisten Datensätze, bis zu mehreren Millionen. Dies führt dazu, dass bei einer Abfrage ein SQL-Statement erzeugt wird, das einen Join der Faktentabelle über die Dimensionstabellen durchführt. Nun kommt es darauf an, in welcher Join-Reihenfolge die Abfrage durchgeführt wird.

Das folgende Beispiel soll diese Problematik verdeutlichen. Angenommen, wir hätte folgende Datenmengen in unserem Star Schema:

- Faktentabelle Umsatzanalyse: 10.000.000 Datensätze
- Dimensionstabelle Zeit: 5 Jahre, also 60 Monate
- Dimensionstabelle Produkt: 1000 Produkte
- Dimensionstabelle Vertrieb: 50 Vertriebswege

Beispiel: Ein Endanwender interessiert sich nun für die Umsätze im 1. Quartal 2005, die über das Internet für die Sparte "Bekleidung" getätigt wurden.

Eine Datenbank, die zunächst das Selektionskriterium Sparte = "Bekleidung" auf die Produkttabelle anwendet und damit die Faktentabelle joint und erst danach die anderen Dimensionstabellen verarbeitet, ist deutlich ineffizienter als eine Datenbank, die zunächst die Selektionskritieren auf die Dimensionstabellen anwendet, und dann erst diese vergleichsweise geringe Datenmenge auf die Faktentabelle anwendet.

Vor- / Nachteile

Das Star Schema zeichnet sich durch folgende **Vorteile** aus:
- Einfache und daher intuitive Datenmodelle
- Geringe Anzahl von Join-Operationen
- Geringe Anzahl von Datenbank-Tabellen
- Geringer Aufwand im Rahmen der Datenbank-Wartung.

Als **Nachteile** seien aufgeführt:
- schlechtes Antwortzeitverhalten bei sehr großen Dimensionstabellen
- die Dimensionstabellen sind nicht normalisiert
- keine Darstellung von Ebenen innerhalb der Dimensionen

4.1.2 Snowflake Schema

Die Nachteile des Star Schema kann man beseitigen, indem man zum Snowflake-Schema übergeht, das jedoch deutlich mehr Tabellen benötigt. Dabei handelt es sich um eine Weiterentwicklung des Star Schemas, bei dem die Attribute der Dimensionstabellen in Ebenen angeordnet werden.

Dazu werden die wechselseitigen Beziehungen der Attribute untereinander untersucht.

Beispiele	Jedes Quartal besteht aus 3 Monaten.	1:n-Beziehung.
	Jedes Jahr besteht aus 4 Quartalen.	1:n-Beziehung.
	Der Vertrieb erfolgt über mehrere Verkaufsbüros.	1:n-Beziehung.
	Der Vertrieb erfolgt über mehrere Vertriebswege.	1:n-Beziehung.
	Jeder Vertrieb besitzt genau einen Verkaufsleiter	1:1-Beziehung.
	Ein Buchungskreis umfasst mehrere Länder.	1:n-Beziehung.
	In einem Land kann es mehrere Verkaufsbüro geben.	1:n-Beziehung.
	Ein Verkaufsbüro betreut jeweils ein einziges Land.	1:1-Beziehung.
	Jedes Land besitzt genau eine Landeswährung.	1:1-Beziehung.

Aufgrund dieser Aussagen kann unser Datenmodell nun verfeinert werden. 1:n-Beziehungen sind Kandidaten für Dimensionsebenen, eine 1:1-Beziehung kann als Attribut oder als Dimensionsebene dargestellt werden. Die Entscheidung Attribut versus Dimensionsebene ist einer der Freiheitsgrade in der Modellierung.

Snowflake Schema

Die folgende Abbildung zeigt unsere Fallstudie als Snowflake-Schema. Man erkennt die Hierachien der verschiedenen Dimensionen. Diese Hierarchien geben direkt die Aggregationsstufen an, die mittels Drill-Down und Drill-Up über die Werkzeuge einer OLAP-Anwendung auswählbar sind.

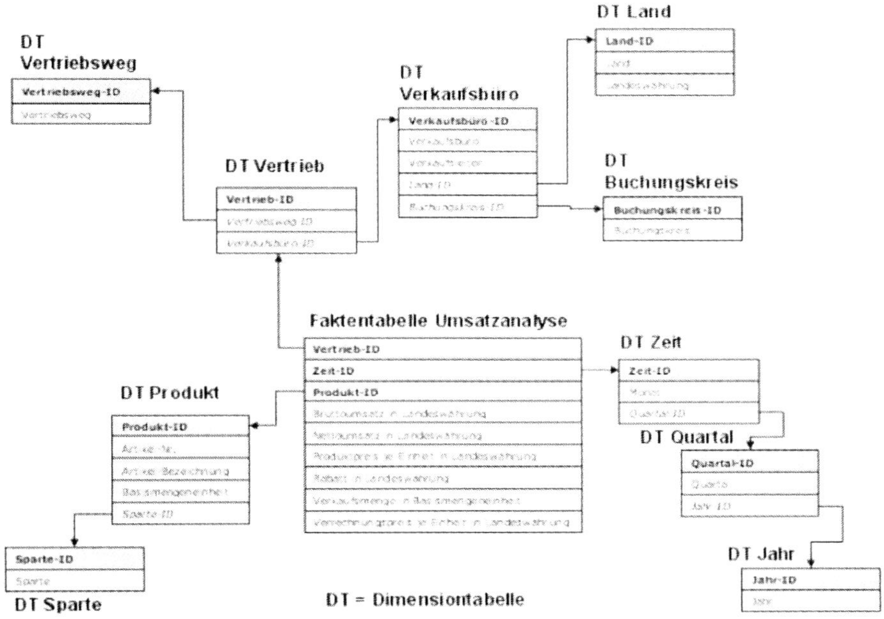

Abb. Fallstudie als Snowflake Schema

An der Darstellung ist auch ersichtlich, dass es mit "Vertriebsweg" und "Verkaufsbüro" zwei parallele Dimensionsebenen gibt. Das liegt daran, dass die Vertriebsumsätze getrennt nach Vertriebsweg und Verkaufsbüro aufgelistet werden. Dies stellt eine n-m-Beziehung dar, die nur über eine komplexen Entitätstyp modelliert werden kann, da jedes Verkaufsbüro verschiedene Vertriebswege verwendet und die verschiedenen Vertriebswege von mehreren Verkaufsbüros genutzt werden. Die Information, wie viel Umsatz über welches Verkaufsbüro je Vertriebskanal erzielt wird, wird über die Dimension "Vertrieb" abgebildet.

4.1.3 Granularität, Verdichtung, Aggregate

Mit dem Begriff der Granularität wird der Detaillierungsgrad der Daten beschrieben. Sehr detaillierte Daten haben eine niedrige Granularität; je verdichteter die Daten gespeichert werden, um so höher wird die Granularität [Inmon (1993a), S. 41]. Die Verdichtung erfolgt etwa durch Summierung einzelner numerischer Datenobjekte (Kennzahlen) sowie durch Aggregation mehrerer Informationsobjekte zu einem neuen Informationsobjekt [vgl. Scheer (1995), S. 38f].

Schwierig ist die Bestimmung und Festlegung der Granularität unter Berücksichtigung der aktuellen und zukünftigen Situation des Unternehmens. Aus Sicht der Entscheidungsträger ist eine sehr niedrige Granularität wünschenswert, da sie die Möglichkeit zu sehr detaillierten Auswertungen und Analysen bietet. Für die DV-technische Implementierung bedeutet dies ein hohes Datenvolumen und somit einen hohen Speicherbedarf mit entsprechenden DV-Ressourcen zur Verarbeitung dieser Datenmengen. Dieses Problem kann durch eine mehrstufige Granularität etwas entschärft werden. Dabei bestimmt man verschiedene Granularitätsgrade, wobei die Datenverdichtung über verschiedene Stufen zunimmt.

So kann beispielsweise festgelegt werden, dass die Daten des aktuellen und des vergangenen Monats eine sehr niedrige Granularität haben sollen (etwa Umsatz auf Ebene einzelner Kundenaufträge pro Tag), um detaillierte Gegenwartsanalyse durchführen zu können. Nach Ablauf des Monats werden die Daten des ältesten Monats durch Summierung und/oder Durchschnittsbildung der Kennzahlen auf Wochen- oder Monatsebenen verdichtet (aggregiert). Nach Ablauf eines Quartals oder Jahres nimmt man entsprechende Verdichtungen auf Quartals- bzw. Jahresebene vor. Die Detaildaten werden jeweils archiviert. Man bezeichnet diese Verdichtungsläufe, bei denen Tage auf Wochenebene, die Wochendaten auf Monatsebene und die Monatsdaten auf Jahresebene verdichtet werden, rollende Summierung [Holthuis (1997a), S. 84].

Die Verdichtung der Daten kann entweder auf Programm- oder auf Datenbankebene realisiert werden. Auf Programmebene erfolgt die Verdichtung während der Datenübernahme durch die Übertragungsprogramme oder durch entsprechende Programme des Data Warehouse. Auf Datenbankebene werden die Verdichtungsregeln im Datenbanksystem selbst hinterlegt und nach dem Datentransfer über entsprechende Trigger ausgelöst.

Untersuchungen haben gezeigt, dass beim Einsatz der mehrstufigen Granularität über 95% der benötigten Auswertungen und Analysen der Zugriff auf die Daten über Aggregate erfolgt. Bei ca. 5% der Analysen muss auf die Detaildatenebene zugegriffen werden [Inmon (1993c), S. 51]. Eine wesentliche Aufgabe ist deshalb die Bestimmung von Aggregaten, die sich aus einer Analyse des erwarteten Anfrageprofils ergeben. Aufgrund des zusätzlichen Aufwands für die Aktualisierung und Ablage der Aggregate in der Datenbank ist es eine wichtige Designentscheidung, welche der möglichen Aggregate vorberechnet werden sollen.

4.1.4 Anforderungen an Datenbanken

An alle Typen von Datenbanken für ein Data Warehouse sind folgenden Anforderungen zu stellen [Heuer (1997); vgl. Reuter (1996), S. 30f]:

- Datenquellen können beliebig heterogen sein: Dateisysteme, unterschiedliche SQL-Systeme, andere Datenbanksysteme, usw.
- Es müssen neben den klassischen satzorientierten Datentypen auch Texte (Teilstringsuche, Nachbarschaftssuche, ...), multimediale Daten (Kreuz-Referenzierung mit anderen Daten), räumliche Daten (Suche nach der Lage im Raum, topologische Nachbarschaften, usw.) behandelt werden.
- Optimierer müssen vor allem in der Lage sein, effiziente Strategien für das kartesische Produkt (Join-Operator) zu finden und die Möglichkeiten der Parallelausführung zu nutzen
- Es müssen unterschiedliche Index-Techniken unterstützt werden, da vor allem komplexe Anfragen mit vielen Attributen durch herkömmliche B-Bäume nicht gut behandelt werden. Hier sind vor allem Bitlisten interessant
- Zur Berechnung vielfacher Verbund-Operationen müssen effiziente Techniken (Hashing) und Optimierungen eingesetzt werden
- Die Behandlung von Zeit muss sowohl in das Datenmodell als auch in die Indizierung einbezogen werden.

4.2 Multidimensionales OLAP (MOLAP)

Um mit multidimensionalen Datenstrukturen messbare Leistungsvorteile erzielen zu können, macht es Sinn, die Daten multidimensional in einer multidimensionalen Matrix zu speichern. Multidimensionale Datenbanken basieren auf der Annahme, dass alle Kombinationen an Dimensionen vorkommen und erstellen „im voraus" basierend auf dem Kreuzprodukt aller Wertebereiche der Dimensionsobjekte entsprechende Matrizen. Die Adresse jeder Zelle berechnet sich dann durch eine simple Kette von Additionen und Multiplikationen unter Verwendung der dimensionalen Werte und der Größe jedes einzelnen Dimensionselementes.

In der Regel wird die Summe der Zellen beim Ladezeitpunkt berechnet und in eigenen Zellen abgespeichert.

4.2.1 Beispiel

Als Beispiel soll folgende Tabelle dienen, welche die Umsätze unserer

Produkte nach Ländern zeigt.

Umsätze in Q1.2005

Land	Produkt	Umsatz
Deutschland	Motorrad	**450.000**
Deutschland	Bekleidung	**80.000**
Schweiz	Motocross	**270.000**
Frankreich	Services	**150.000**
Frankreich	Motorrad	**230.000**
Frankreich	Motocross	**200.000**
Italien	Roller	**350.000**
Italien	Technik	**100.000**
Belgien	Helme	**50.000**
Niederlande	Technik	**120.000**
Niederlande	Motorrad	**140.000**

Abb.: Ausgangstabelle mit Kundenumsätzen nach Region

4.2.2 Dünn besiedelte Matrix

Überführt man die Umsatzdaten aus dieser Tabelle in eine multidimensionale Matrix mit den Dimensionsobjekten Land (Anzahl: 6) und Produkt (Anzahl: 7), so müsste in diesem Fall eine 6x7-Matrix mit 42 Zellen bereitgestellt werden. Da die Länder und Produkte nicht mehrfach auftreten, enthalten lediglich 11 Zellen tatsächlich einen Wert, obwohl die multidimensionale Datenmatrix für jedes Dimensionselement eine Zelle bereitstellt. Die übrigen Zellen beinhalten einen speziellen NA-Wert (NA: not available), um anzuzeigen, dass hierin keine analyserelevanten Werte enthalten sind. Man spricht in diesem Fall von einer dünn besiedelten Matrix. (vgl. folgende Abbildung)

Umsätze in Q1.2005

Produkt →

Land ↓	Motorrad	Motocross	Roller	Technik	Services	Bekleidung	Helme	Summe
Deutschland	450.000	NA	NA	NA	NA	80.000	NA	**530.000**
Schweiz	NA	270.000	NA	NA	NA	NA	NA	**270.000**
Frankreich	230.000	200.000	NA	NA	150.000	NA	NA	**580.000**
Italien	NA	NA	350.000	100.000	NA	NA	NA	**450.000**
Belgien	NA	NA	NA	NA	NA	NA	50.000	**50.000**
Niederlande	140.000	NA	NA	120.000	NA	NA	NA	**260.000**
	820.000	**470.000**	**350.000**	**220.000**	**150.000**	**80.000**	**50.000**	**2.140.000**

Abb.: Umsatztabelle als dünn besetzte Matrix

4.2.3 Dicht besiedelte Matrix

Das andere Extrem ist eine vollständig besetzte Matrix, das heißt, alle Zellen sind mit Werten besetzt.

Umsätze in Q1.2005

Land ↓ / Produkt →	Motorrad	Motocross	Roller	Technik	Services	Bekleidung	Helme	Summe
Deutschland	450.000	390.000	100.000	90.000	100.000	80.000	40.000	**1.250.000**
Schweiz	200.000	270.000	90.000	30.000	70.000	40.000	20.000	**720.000**
Frankreich	230.000	200.000	190.000	110.000	150.000	90.000	50.000	**1.020.000**
Italien	180.000	320.000	350.000	100.000	140.000	70.000	10.000	**1.170.000**
Belgien	210.000	150.000	80.000	67.000	85.000	50.000	50.000	**692.000**
Niederlande	140.000	180.000	110.000	120.000	110.000	70.000	60.000	**790.000**
	1.410.000	**1.510.000**	**920.000**	**517.000**	**655.000**	**400.000**	**230.000**	**5.642.000**

Abb.: Dicht besiedelte Matrix

4.2.4 Fazit

In der Realität liegen die meisten multidimensionalen Datenbestände irgendwo zwischen diesen beiden Extremen.

Multidimensionale Datenbanken benötigen aus Gründen der Performance und Speicherplatzersparnis spezielle Verfahren zum Umgang mit dünn besiedelten Matrizen auf der physischen Ebene. Die relativen Leistungsvorteile nehmen mit steigender Anzahl von Dimensionen und Dimensionselementen ab.

Bei einem Industrieunternehmen mit einer Anzahl von 25000 Kunden und 1000 Produkten muss ein Datenraum mit 250.000 Zellen zur Verfügung gestellt werden. Jede weitere Dimension, z. B. Verkäufer mit 200 Elementen führt zu einer Vervielfachung des Datenraumes um den Faktor 200.

5 Grundlagen SAP BW

In diesem Kapitel werden wir einige zentrale Themen rund um SAP Business Information Warehouse behandelt. Wir handeln bewusst nach dem **Grundsatz** : "nur soviel wie nötig, so wenig wie möglich". Das SAP BW hat in den letzten Jahren an Reife und Funktionsumfang zugenommen, dass es den Rahmen dieses Buches völlig sprengen würde. Wir verweisen deshalb auf die Literaturempfehlungen im Anhang.

In den folgenden Unterkapiteln beschreiben wir grob die Systemarchitektur, die Systemkomponenten zur Datenspeicherung, den Datenbeschaffungsprozess sowie die Werkzeuge zur Datennutzung. Wir schließen das Kapitel mit einem Blick auf den sogenannten SAP Business Content, mit dem vorgefertigte Informationsmodelle bezeichnet werden.

5.1 Systemarchitektur

Als eine Kernkomponente von SAP NetWeaver stellt das SAP Business Information Warehouse (SAP BW) Data Warehousing-Funktionalität, eine Business-Intelligence-Plattform sowie eine Suite von Business Intelligence Werkzeugen zur Verfügung.

Beim SAP BW handelt es sich um eine Data-Warehouse-Lösung, deren Architektur an die allgemeine Referenzarchitektur für Data Warehouses angelehnt ist. Darin enthalten sind sämtliche Komponenten, die für den Data-Warehouse-Prozess nötig sind, angefangen bei Funktionen für den Datenextraktionsprozess (Extraktion, Transformation und Laden) über Komponenten für die Datenablage bis hin zu umfangreichen Werkzeugen für Analysen und Berichte. Darüber hinaus sind Komponenten mit Werkzeugen unter anderem für das Customizing sowie die Administration vorhanden.

Das Grundprinzip eines Data Warehouse im Allgemeinen und dem SAP Business Information Warehouse im Speziellen ist eigentlich ganz einfach. Es gibt eine zentrale Speicherkomponente (z.B. den InfoCube), die periodisch Daten aus unterschiedlichen Quellsystemen empfängt und diese anschließend in aufbereiteter Form ablegt. Auf dieser Datenablage bauen dann die Analysen und Berichte größtenteils auf.

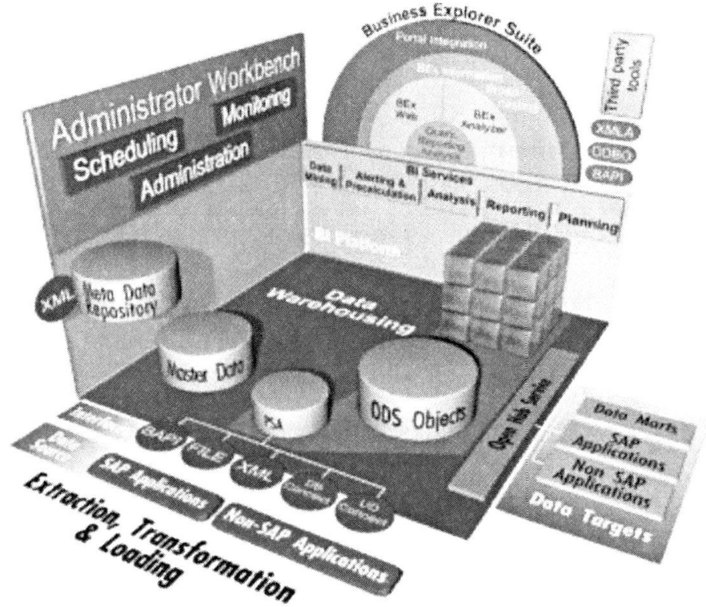

Abb.: Architektur des SAP Business Information Warehouse (c) SAP AG

Als zentrale Architekturkomponente zum Design und Betrieb des Data Warehouses wird die Administrator Workbench angesehen. Dort werden die auf konsistenten Metadaten basierenden Elemente des SAP Business Information Warehouse verwaltet. In der Administrator Workbench wird der Extraktions- und Ladeprozess der Quelldaten gesteuert sowie überwacht und gepflegt.

5.2 Komponenten der Datenspeicherung im BW

Komponenten zur Datenspeicherung umfassen im wesentlichen InfoObjects zum Aufbau der multi-dimensionalen Strukturen und zur Speicherung von Stammdaten sowie InfoProvider zur Speicherung von Transaktionsdaten (Bewegungsdaten).

5.2.1 InfoObjects

Die kleinsten Einheiten der Datenspeicherung, auf denen alle anderen Speicherobjekte basieren, sind die **InfoObjects**. Diese werden somit als die **Grundbausteine** zur Speicherung von Daten angesehen. Sie bilden die Basis aller InfoProvider wie zum Beispiel **InfoCubes** oder Objekte des **Operational Data Store** (ODS), auf die im nächsten Abschnitt näher eingegangen wird.

Alle InfoObjects sind durch einen technischen Namen eindeutig gekennzeichnet und haben einen bestimmten Datentyp sowie eine bestimmte Datenlänge. InfoObjects sind die kleinsten Einheiten des SAP BW. Durch sie werden die Informationen in strukturierter Form abgebildet, die zum Aufbau von Datenzielen benötigt werden.

Betriebswirtschaftliche Auswertungsobjekte werden im SAP BW als InfoObjects bezeichnet. Sie untergliedern sich in **Merkmale** (z.B. Kunde), **Kennzahlen** (z.B. Umsatz), **Einheiten** (z.B. Währung, Mengeneinheit), **Zeitmerkmale** (z.B. Geschäftsjahr) und **technische Merkmale** (z.B. Requestnummer).

Merkmale

Merkmale sind Ordnungsbegriffe wie z.B. Buchungskreis, Produkt, Kundengruppe, Geschäftsjahr, Periode oder Region. Merkmale können über Attribute, Texte oder Hierarchien verfügen. Dann spricht man von stammdatentragenden Merkmalen. Stammdaten sind Daten, die über einen längeren Zeitraum unverändert bleiben. Sie enthalten Informationen, die in gleicher Weise immer wieder benötigt werden. Beispiel ist das Merkmal Vertriebsbüro, das Attribute wie Ort, Land, Anschrift, etc. besitzt. Das Vertriebsbüro kann eine (mehrsprachige) textuelle Bezeichnung besitzen. Mehrere Vertriebsbüros können je nach Anwendungsfall unterschiedlich hierarchisch geordnet werden. Damit können beispielsweise regionale Vertriebsbereiche dargestellt werden.

Auf diese Stammdaten kann in allen Datenzielen eindeutig referenziert werden. Die Stammdaten werden somit nur einmal im System redundanzfrei gehalten.

Kennzahlen

Die **Kennzahlen** liefern die Werte, die in einer Query ausgewertet werden sollen. Dabei handelt es sich um Mengen, Beträge oder Stückzahlen. An der Kennzahl werden weitere Eigenschaften festgelegt, die Auswirkungen sowohl auf den Ladeprozess als auch auf die Anzeige in der Query haben. Dazu gehören die Zuweisung einer Währung oder Mengeneinheit, oder die Festlegung der Anzahl der Dezimalstellen in der Query. Auch Umrechnungsfunktionalitäten für die Angabe von Werten mit Währungen werden vom System zur Verfügung gestellt. Somit entstehen keine Schwierigkeiten, wenn Kennzahlen mit unterschiedlichen Währungen vorkommen, weil diese dann vom System anhand verschiedener Umrechnungsvarianten in eine gewünschte (Ziel-) Währung umgerechnet werden können.

Zeit-merkmale **Zeitmerkmale** sind Merkmale wie Kalendertag, Kalendermonat, Geschäftsjahr, Fiskaljahr etc. Transaktionsdaten enthalten stets mindestens ein Zeitmerkmal.

Einheiten **Einheiten** werden benötigt, um Eigenschaften der Kennzahlen festzulegen. Einer Kennzahlen vom Typ Betrag wird immer ein Währungsschlüssel zugeordnet und Kennzahlen vom Typ Menge erhalten eine Maßeinheit.

technische Merkmale Technische Merkmale haben nur eine organisatorische Bedeutung innerhalb des SAP BW. Ein Beispiel dafür ist die sogenannte Requestnummer im InfoCube, die beim Laden von Daten dem Datenpaket erzeugt wird und dabei hilft, das Datenpaket im InfoCube wieder zu finden.

5.2.2 InfoProvider

Als InfoProvider werden grundsätzlich alle Objekte bezeichnet, die mit einem Endanwender-Werkzeug ausgewertet werden können. Beim SAP Business Explorer handelt es sich um eines der SAP BW Reportingwerkzeuge, auf die später noch näher eingegangen wird.

Man unterscheidet zwischen Objekten, die tatsächliche Daten beinhalten (InfoObjects, ODS-Objekten und InfoCubes) sowie Objekte die lediglich eine Sicht auf die Daten vermitteln. Bei letzterem handelt es sich um Objekte, deren Daten in einem anderen System oder in anderen physischen Objekten abgelegt sind. Ein Beispiel ist der sogenannte virtuelle InfoCube der Daten aus mehreren InfoCubes anzeigen kann. So lassen sich etwas Vertriebsdaten auf einer eine Seite und Marketingdaten auf der anderen Seite gemeinsam auswerten.

5.2.3 Wesentliche Objekte des Datenflusses

Im Folgenden werden die wichtigsten Elemente des Datenflusses näher erläutert. Dies sind von einem Quellsystem ausgehend die Persistant Staging Area (PSA), der Operational Data Store (ODS) und schließlich der InfoCube. Während die PSA ausschließlich temporären Charakter hat, sind der ODS sowie die InfoCubes für die dauerhafte Ablage der Daten gedacht.

Persistant Staging Area Die Persistant Staging Area ist dem Quellsystem sehr nahe und dient für Bewegungsdaten, Stammdatenattribute und Texte als Eingangsablage. Dort werden die noch untransformierten und nicht modifizierten Daten für die weitere Verarbeitung gespeichert und können auch einer Qualitätsprüfung unterzogen werden, da die Quelldaten in transparenten Tabellen gespeichert werden. An dieser Stelle ist es dann somit möglich, fehlerhafte Daten zu ändern bzw. zu löschen. Die PSA trägt auch zu einer Verbesserung der Ladeperformance bei, da der Schritt des eigentlichen Ladevorgangs von der Weiterverarbeitung mit den notwendigen Transformationsschritten entkoppelt ist.

InfoCube

InfoCubes können als wesentliche Speicherobjekte und als der zentrale Baustein aller Berichte und Analysen im Business Information Warehouse angesehen werden. In jedem InfoCube sind verdichtete und abgestimmte Daten eines in sich geschlossenen und nach außen abgegrenzten thematischen Bereichs zu finden. Durch ihre mehrdimensionale Datenorganisation sind sie speziell auf die OLAP-Anforderungen ausgerichtet.

Man unterscheidet mehrere Arten von InfoCube:

- In den **BasisCubes** findet eine physische Speicherung der Daten statt. Über einen periodischen Ladevorgang (täglich, wöchentlich, monatlich, ...) erfolgt die Befüllung und Aktualisierung der Daten.
- **Transaktionale InfoCubes** unterscheiden sich von Basis-InfoCubes in ihrer Fähigkeit, parallele Schreibzugriffe zu unterstützen. Basis-InfoCubes sind technisch für Lesezugriffe auf Kosten der Schreibzugriffe optimiert. Transaktionale InfoCubes finden in Verbindung mit der Erfassung von Plandaten Verwendung
- Ein **RemoteCube** ist ein InfoCube, dessen Bewegungsdaten nicht im Business Information Warehouse verwaltet werden, sondern extern. Im SAP BW wird nur die Struktur des RemoteCube definiert. Die Daten werden zum Reporting aus einem anderen System gelesen. Mit Hilfe eines RemoteCube kann man Reporting über Daten in Fremdsystemen durchführen, ohne die Daten physisch im Data Warehouse ablegen zu müssen. Damit könnte man z.B. ein Fremdsystem von Marktdatenanbietern über einen RemoteCube einbinden.
- Ein **SAP RemoteCube** ist ein RemoteCube, der die Definition von Queries mit direktem Zugriff auf Bewegungsdaten in anderen SAP-Systemen erlaubt.
- **Virtuelle InfoCubes** stellen lediglich logische Sichten auf einen Datenbestand dar und sind daher per Definition keine Datenziele. Aus Reportingsicht gibt es keinen Unterschied zum BasisCube. Man verwendet virtuelle InfoCubes, um Daten aus mehreren BasisCubes zusammen auszuwerten. So lassen sich z.B. Daten aus einem Vertrieb-InfoCube und Daten aus einem Marketing-InfoCube geschickt auswerten, ohne dass die Daten in einem gemeinsamen InfoCube mehrfach (redundant) gehalten

werden müssen.

Operational Data Store

Der Operational Data Store dient grundsätzlich der Speicherung zusammengeführter und bereinigter Bewegungsdaten aus unterschiedlichen Vorsystemen auf detaillierter Belegebene.

Im Gegensatz zur mehrdimensionalen Datenablage bei InfoCubes werden die Daten in ODS-Objekten in transparenten, flachen Datenbanktabellen abgelegt. Bei ODS-Objekten wird nicht nur wie beim InfoCube der kumulative Update von Kennzahlen unterstützt, sondern es ist auch möglich, Datenfelder zu überschreiben. Dies ist insbesondere im Kontext von belegnahen Strukturen wichtig, denn werden Belege im Quellsystem geändert, umfassen diese Änderungen nicht nur numerische Felder wie Auftragsmenge, sondern auch nichtnumerische Felder wie Warenempfänger, Status und Lieferdatum. Damit diese Änderungen auch im BW in den ODS-Objekten abgebildet werden können, müssen die entsprechenden Felder in den ODS-Objekten auch überschrieben werden und auf den aktuellen Wert gesetzt werden.

5.3 Datenbeschaffungsprozess

Die nachfolgende Abbildung zeigt unter anderem einen Überblick über die unterschiedlichen Möglichkeiten der Datenbereitstellung. Diese sowie der Weg des Datenbeschaffungsprozesses werden im Folgenden näher erläutert.

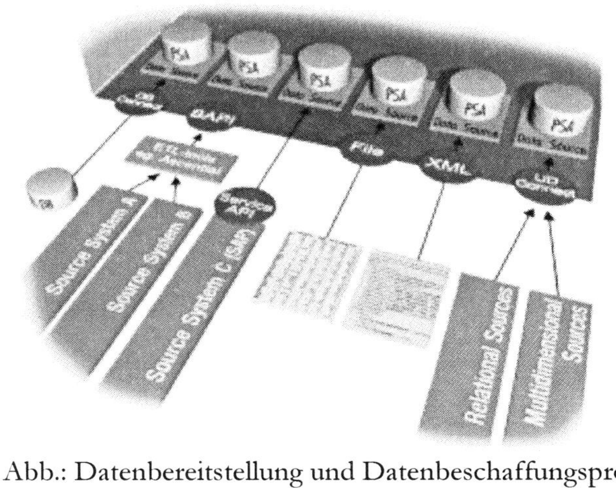

Abb.: Datenbereitstellung und Datenbeschaffungsprozess (c) SAP AG

5.3.1 Datenquellen

Die Quellsysteme stellen den Ausgangspunkt des Datenladeprozesses dar. Es gibt eine ganze Reihe von Datenquellen, die für die Datenbeschaffung in das SAP BW in Frage kommen. Die unterschiedlichen Möglichkeiten werden im Folgenden kurz erläutert.

- **Extraktion aus SAP-Systemen:** SAP BW bietet eine nahtlose Integration in SAP-Anwendungen. Diese Integration basiert auf Datenextraktoren, die zum Lieferumfang aller SAP-Anwendungen gehört. Ein Datenextraktor ist ein Programm, mit dem Daten aus der SAP-Quellanwendung beschafft werden können (z. B. für Lagerbewegungen aus der Materialwirtschaft oder Kundenaufträge aus der Kundenauftragsverwaltung).
- **Extraktion aus Nicht-SAP-Systemen:** Um die Extraktion von Daten auf Anwendungsebene auch aus Nicht-SAP-Quellen zu ermöglichen, wurde SAP BW mit einer offenen Schnittstelle, der Staging BAPI (Business Application Programming Interface), ausgestattet. Diese Schnittstelle verbindet die Anwendungen von Drittanbietern mit SAP BW.
- **Extraktion aus Datenbanken:** DB Connect bietet Funktionalitäten, um auf einzelne Tabellen oder Tabellensichten einer relationalen Datenbank zuzugreifen. Darüber sind Funktionen vorhanden, die das Laden von Metadaten vereinfachen, indem Metadatentabellen und Ansichten in das Metadaten-Repository von SAP BW repliziert werden.
- **Dateien:** Daten können auch aus zweidimensionalen oder „flachen" Dateien wie csv-Dateien oder ASCII-Dateien in SAP BW geladen werden.
- **XML**: Das XML-Format entwickelt sich zunehmend zu einem Standard für die Dateninteroperabilität. Für XML-Dateien verwendet SAP BW ein auf dem CWM-Standard (Common Warehouse Metamodel) basierendes Modell. XML-Dateien können über die Administrator's Workbench in SAP BW importiert oder hieraus exportiert werden. Zusätzlich steht auch ein HTTP-Dienst zur Verfügung, so dass Metadaten auf die gleiche Weise wie auf dem Webserver angefordert werden können. Die XML-Schnittstelle unterstützt einen Push-Mechanismus, bei dem der Datentransfer nach SAP BW vom Quellsystem initiiert wird.

5.3.2 DataSource

Die Daten der unterschiedlichen Quellsysteme werden dem Business Information Warehouse als **DataSources** zugänglich gemacht. Technisch gesehen umfasst die DataSource eine Menge von logisch zusammengehörigen Feldern, die in einer flachen Struktur zur Datenübertragung ins SAP BW

angeboten werden. Die Struktur einer DataSource an das SAP BW wird als **Transferstruktur** bezeichnet. Diese kann gleichermaßen für Stammdaten als auch für Bewegungsdaten genutzt werden.
Auf Anforderung des SAP BW werden die Daten von einer DataSource über die Transferstruktur in das SAP BW übertragen.

5.3.3 InfoSource

Logisch zusammengehörige Informationen werden anschließend zu einer Einheit zusammengefasst, die als **InfoSource** bezeichnet wird. Eine InfoSource besteht aus einer Menge von InfoObjects, die wie schon bei der DataSource eine flache Struktur bilden. Diese Struktur wird als **Kommunikationsstruktur** bezeichnet. Das Besondere ist, dass einer InfoSource seine Daten aus verschiedenen DataSources beziehen kann. Existieren aus verschiedenen Quellsystemen logisch zusammengehörige Felder, so können diese im BW zu einer InfoSource zusammengeführt werden, indem mehrere DataSources einer InfoSource zugeordnet werden.

Aus der InfoSource werden die Daten in die Datenziele fortgeschrieben. Dabei können die Daten ein weiteres Mal verändert werden. Die Programmroutinen, welche die Daten der InfoSource verarbeiten, werden als Fortschreibungsregeln bezeichnet.

Die über die Transferstruktur geladenen Daten werden durch **Übertragungsregeln** transformiert. Eine umfangreiche Bibliothek an Transformationsfunktionen, die Geschäftslogik enthalten, kann hier verwendet werden, um Datenbereinigungen vorzunehmen und die Daten auswertbar zu machen. Die Regeln können auf einfachem Weg ohne Programmieren durch die Verwendung von Formeln angewendet werden.

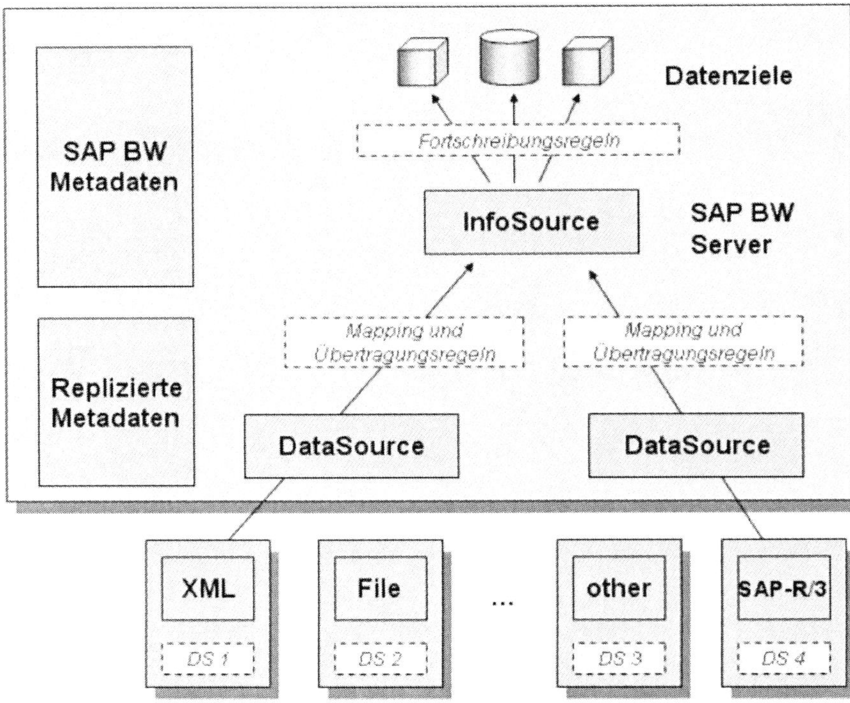

Abb.: Von der DataSource zur InfoSource

5.4 Reporting- und Analysewerkzeuge

Für Reporting- und Analysezwecke stehen die verschiedenen Komponenten des SAP Business Explorers sowie eine Vielzahl an Third-Party-Werkzeugen zur Verfügung. Im Folgenden wird allerdings nur auf ersteres etwas detaillierter eingegangen.

Die Grundlage für alle Abfragen und Auswertungen im Business Information Warehouse bilden die Queries. Auf diesen setzen alle Front-End-Werkzeuge auf, unter anderem der Business Explorer Analyzer. Dabei handelt es sich um ein Plug-In für Microsoft Excel, das um OLAP-spezifische Funktionalitäten und den Datenzugriff auf das SAP Business Information Warehouse erweitert. Der OLAP-Prozessor des BW-Systems ist dabei wesentliche Komponente zur Datenaufbereitung.

Zunächst wird ein InfoProvider, auf den sich die Query beziehen soll, ausgesucht. Dies kann z.B. ein InfoCube oder ein ODS-Objekt sein.

Anschließend wird die Query im Query Designer, einer weiteren Komponente des SAP Business Explorers, erstellt. Ein zusätzlicher Bestandteil ist der Web Application Designer, der die Erstellung von Web-Reporting-Applikationen ermöglicht. Web-Applikationen bilden die Umgebung für das Ausführen von Analysen und Berichten im HTML-Browser.

Third-Party-Werkzeuge nutzen die Queries über eine spezielle, standardisierte Schnittstelle, die einen externen Zugriff auf das SAP-System ermöglicht. Diese Schnittstelle ist vergleichbar mit der ODBC-Schnittstelle (mit der auf verschiedene Datenbanksysteme zugegriffen werden kann) und wird als per-facto Standard für den Zugriff auf relationale und multi-dimensionale Systeme unterschiedlicher Hersteller verwendet. Die Schnittstelle stammt von Microsoft und wird mit "ODBO" oder "**O**LE **DB** for **O**LAP" abgekürzt.

OLE DB for OLAP ist informatikerdeutsch und steht für **O**bject **L**inking and **E**mbedding **D**ata**B**ase for **O**nline **A**nalytica**l** **P**rocessing.

5.5 Business Content

Beim Business Content handelt es sich um vorkonfigurierte, rollen- und aufgabenbezogene Informationsmodelle im SAP Business Information Warehouse. Der Business Content kann als spezielle Stärke des SAP-Produktes im Vergleich zu anderen Anbietern angesehen werden. Der Umfang dieser Informationsmodelle erstreckt sich im wesentlichen auf Rollen, Arbeitsmappen, Queries, InfoSources, InfoCubes, ODS-Objekte, Kennzahlen, Merkmale, Fortschreibungsregeln sowie Extraktoren für SAP R/3. Es ist zudem eine Vielzahl an Templates für das web-basierte Berichtswesen enthalten.

Die Bausteine basieren auf konsistenten Metadaten und stehen direkt zur Verfügung. Somit werden umfangreiche betriebswirtschaftliche Analysen ohne zusätzlichen Entwicklungsaufwand ermöglicht. Der Business Content ist bereits auf die Anforderungen verschiedener Anwender zugeschnitten, lässt sich aber auch ohne weiteres an spezielle Bedürfnisse anpassen.

Besonders in Verbindung mit anderen SAP- Komponenten, z.B. SAP R/3 als Quellsystem, ist der Einsatz des Business Content sehr effektiv. Durch den Einsatz wird ein schneller und gleichzeitig kostengünstiger Einstieg in Business Intelligence Projekte ermöglicht. Der Business Content stellt die Grundlage zur Informationsanalyse im Unternehmen dar. Auf dieser baut dann die Konzeption und Einrichtung des Unternehmens-Berichtswesens auf.

6 Implementierung mit SAP BW

Zur Implementierung der Fallstudie in SAP BW verwenden wir die Administrator Workbench. Sie ist das Werkzeug zur Steuerung, Überwachung und Pflege aller mit der Datenbeschaffung und -verarbeitung verbundenen Prozesse im SAP Business Information Warehouse.

Wir wählen im SAP Menü den Ordner Modellierung und starten dort die Administrator Workbench durch Doppelklick.

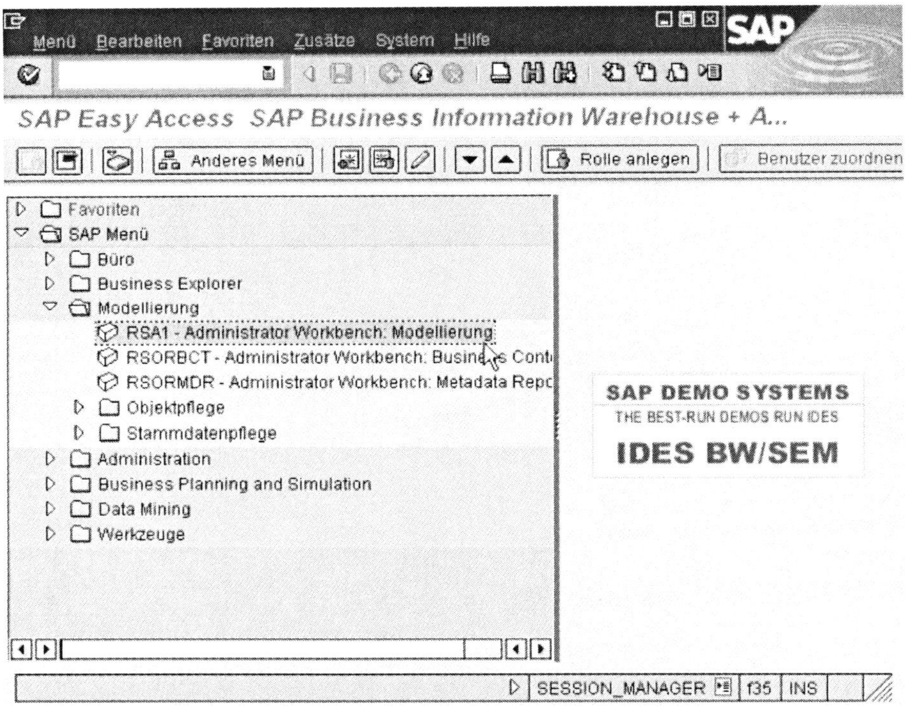

Abb.: Aufruf der Administrator Workbench (c) SAP AG

6.1 InfoObjekte sind Bausteine

Im ersten Teil der Fallstudie werden wir zunächst InfoObjects anlegen.

InfoObjects sind betriebswirtschaftliche (Informations-) Objekte (z.B. Artikel, Umsatz), die sich grundsätzlich in Kennzahlen und Merkmale unterteilen. Sie sind die Bausteine (Strukturkomponenten) für das multidimensionale Datenmodell. Durch InfoObjects werden die Informationsobjekte in strukturierter Form abgebildet, die zum Aufbau von InfoCubes benötigt werden.

Jedes InfoObject wird in einem InfoObjectCatalog abgelegt, der wiederum einer InfoArea zugeordnet ist. Diese Ablagestruktur ähnelt der Ablage von Dateien in einem Dateisystem.

6.1.1 InfoArea anlegen

Wir legen zunächst eine InfoArea zur Ablage unserer InfoObjects an.

Was ist eine InfoArea?

Eine **InfoArea** dient zur Strukturierung von Objekten im SAP BW. Jedes Objekt (z. B. InfoObject, InfoCube) ist einer InfoArea zugeordnet, deren Struktur über die Administrator Workbench verwaltet wird.

Eine InfoArea ist ein rein organisatorisches Hilfsmittel und dient nicht zu Auswertungszwecken. In der Regel wird mit einer InfoArea ein betriebswirtschaftlicher Anwendungsbereich bezeichnet, für den die Data-Warehouse-Anwendung entwickelt wird. Solche Anwendungsbereiche sind z. B. Vertrieb, Produktionsplanung oder Schulung.

InfoAreas können selbst wieder InfoAreas enthalten.

InfoArea anlegen

Für unsere Fallstudie wollen wir eine neue InfoArea mit dem Namen Vertriebsfallstudie Wintersemester 2005 anlegen. Innerhalb dieser InfoArea sollen zwei weitere InfoAreas angelegt werden: eine InfoArea für den Dozenten, eine weitere InfoArea für Studenten.

1. Schritt: Wir öffnen innerhalb der Administrator Workbench den Bereich "InfoObjects".

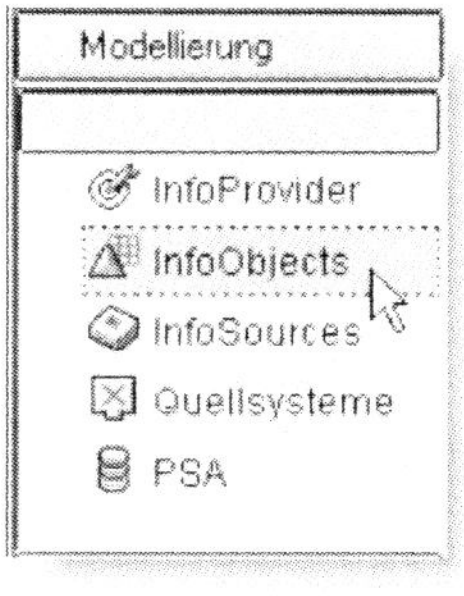

Abb.: Bearbeitung von InfoObjects starten (c) SAP AG

2. Schritt: Durch Auswahl des Kontextmenüs (rechte Maustaste) auf einer uns zugeordneten InfoArea (hier: BW Training HCC Magdeburg) können weitere InfoAreas angelegt werden.

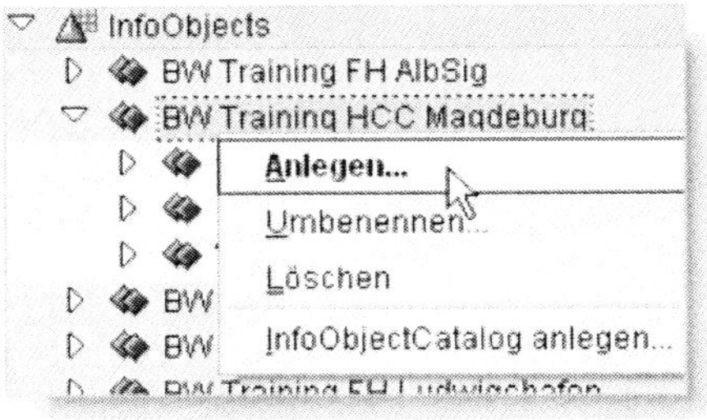

Abb: InfoArea über Kontextmenu anlegen (c) SAP AG

3. Schritt: Wir legen zunächst die InfoArea mit dem technischen Namen MB1 und der Beschreibung Vertriebsfallstudie Wintersemester 2005 an.

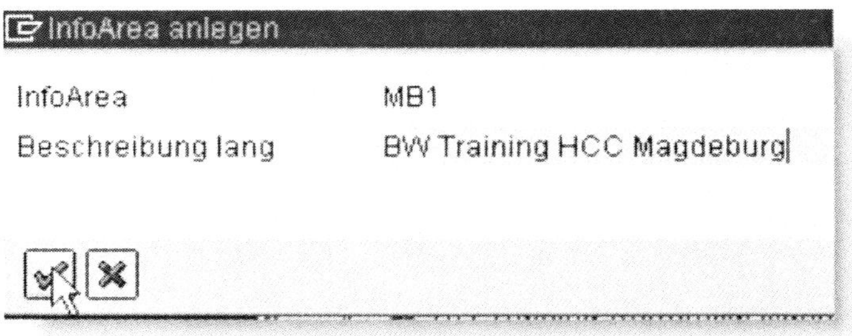

Abb.: InfoArea anlegen (c) SAP AG

4. und 5. Schritt: Anschließend legen wir eine Ebene tiefer eine weitere InfoArea MB1D mit der Beschreibung Vertriebsfallstudie (Dozent) sowie die InfoArea MB1S mit der Beschreibung Vertriebsfallstudie (Student) an.

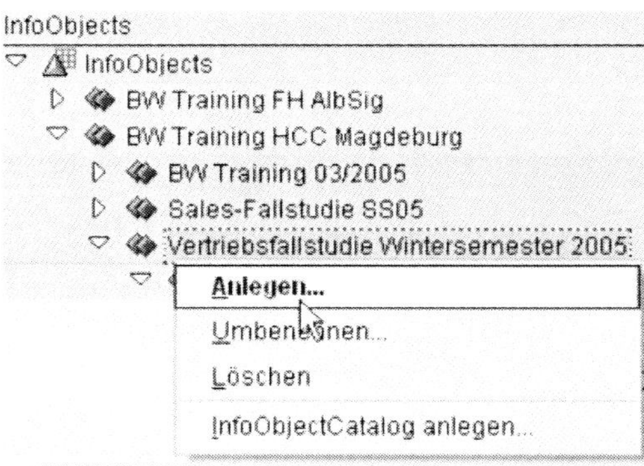

Abb.: Weitere InfoArea anlegen (c) SAP AG

Danach besitzt unsere Fallstudie den gewünschten Aufbau an InfoAreas.

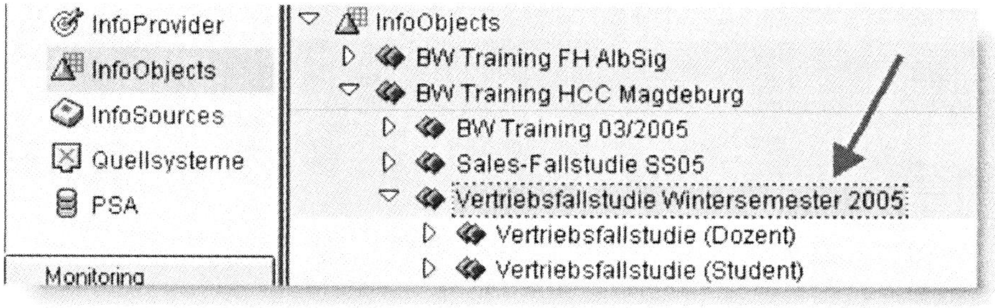

Abb.: InfoAreas für die Vertriebsfallstudie (c) SAP AG

6.1.2 InfoObjectCatalog anlegen

Innerhalb einer InfoArea werden die InfoObjects schließlich in einem InfoObjectCatalog abgelegt.

InfoObject Catalog

Unter einem **InfoObjectCatalog** versteht man eine Gruppierung von InfoObjects nach anwendungsspezifischen Gesichtspunkten. Man unterscheidet dabei zwischen **Kennzahlen** und **Merkmalen**, die zum Aufbau der Datenmodelle verwendet werden.

InfoObject Catalog anlegen

1. Schritt: In der InfoArea Vertriebsfallstudie (Dozent) legen wir jeweils einen InfoObjectCatalog für Kennzahlen und einen für Merkmale an. Die Funktion InfoObjectCatalog anlegen befindet sich im Kontextmenü der InfoArea.

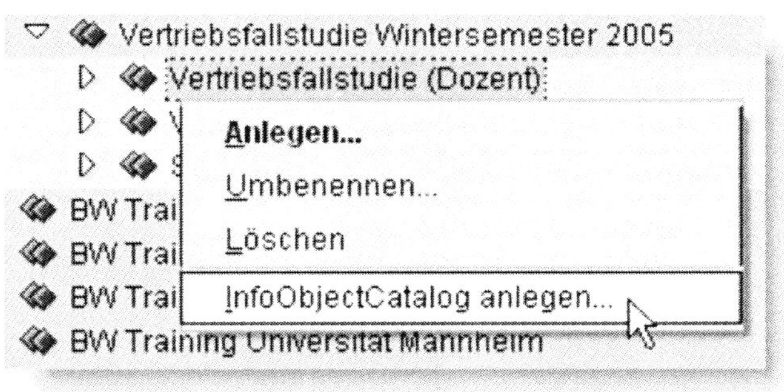

Abb.: InfoObjectCatalog anlegen (c) SAP AG

2. Schritt: Wir geben dem InfoObjectCatalog für die Kennzahlen den technischen Namen MB1DK und die Beschreibung Kennzahlen (Dozent). Da im InfoObjectCatalog Kennzahlen abgelegt werden, muss als InfoObjectTyp Kennzahl markiert werden.

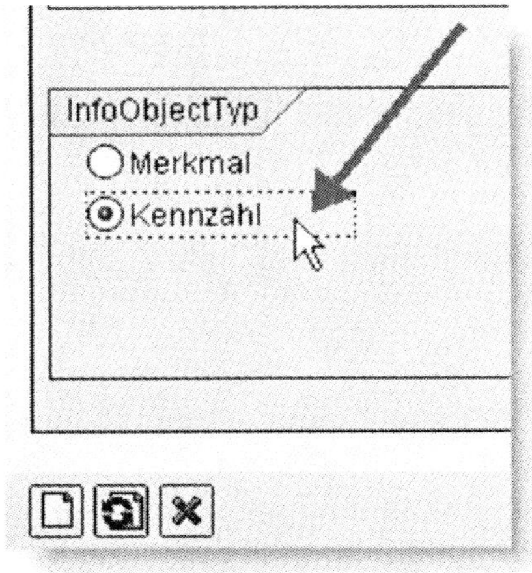

Abb.: InfoObjectCatalog für Kennzahlen anlegen (c) SAP AG

3. Schritt: Wir verfahren analog beim Anlegen des InfoObjectCatalogs für die Merkmale (technischer Name MB1DM und Bezeichnung Merkmale (Dozent)). Da diesmal im InfoObjectCatalog Merkmale abgelegt werden, markieren wir den InfoObjectTyp Merkmal.

6.1.3 Kennzahlen anlegen

Nun können wir die für unsere Fallstudie benötigten InfoObjects für Kennzahlen anlegen.

Kennzahlen anlegen

Wir wählen zunächst im Bereich InfoObjects unseren InfoObjectCatalog für die Kennzahlen aus und aktivieren über das Kontextmenü die Funktion zum Anlegen eines InfoObjects.

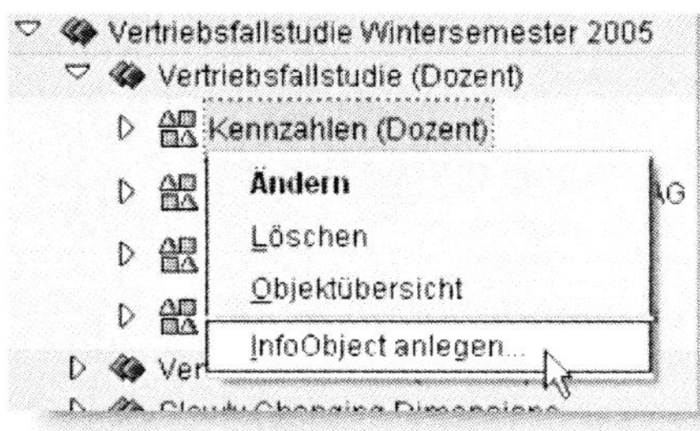

Abb.: InfoObject anlegen (c) SAP AG

1. Schritt: Als erstes legen wir die Kennzahl MB1DTPRIC mit der Bezeichnung Verrechnungspreis in EUR an.

Das Anlegen bestätigen wir mit .

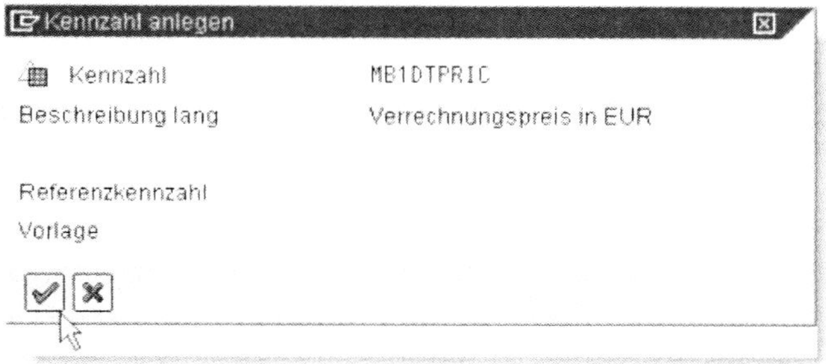

Abb.: InfoObject vom Typ Kennzahl anlegen (c) SAP AG

2. Schritt: Die Kennzahl ist vom Typ Betrag und besitzt den Datentyp CURR. Als feste Währung wählen wir EUR.

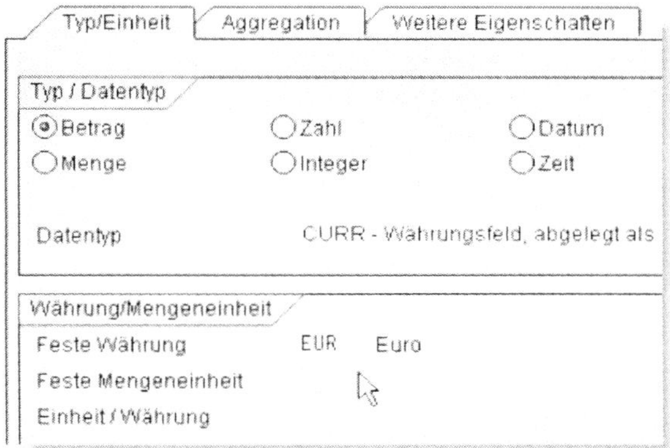

Abb.: Datentyp des InfoObjects festlegen (c) SAP AG

3. Schritt: Die Kennzahl soll über die Summenbildung verdichtet werden. Als Aggregationsverhalten legen wir fest, dass die Kennzahl als SUM (Summe) verdichtet werden soll und es sich um eine Flussgröße handelt.

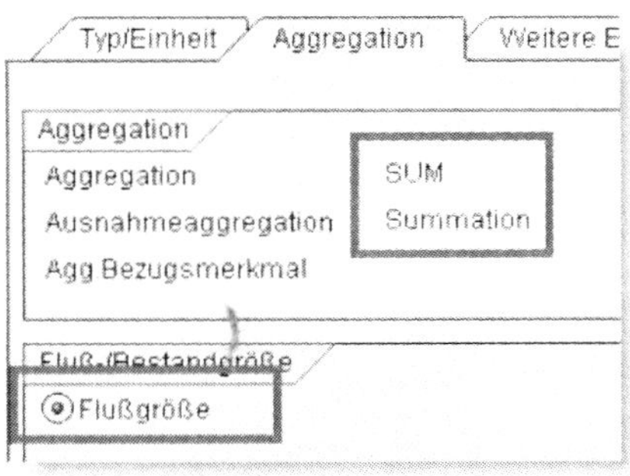

Abb.: Aggregationsverhalten des InfoObjects festlegen (c) SAP AG

Als **Flussgröße** bezeichnet man die Zahlen, die periodenbezogen (also über einen Zeitraum) gemessen werden, z.B. Umsatz oder Kosten. Flussgrößen können sinnvoll zeitlich aggregiert, also verdichtet werden. Beispielsweise kann die Summe der Tagesumsätze addiert und zu dem Monatsumsatz zusammengefasst werden. Man spricht auch von einem Aggregationsverhalten „Summierung".

Bestandsgrößen hingegen werden nicht periodenbezogen, sondern zeitpunktbezogen berichtet (Angaben über eine Periode werden auch zu einem Zeitpunkt gemacht, insofern auch "zeitpunktbezogen"), z.B. die Mitarbeiteranzahl oder ein Lagerbestand. Bei diesen Größen ist eine Aggregation über die Zeit nicht sinnvoll. Bei Bestandsgrößen wie „Stück im Lager" ist es nicht sinnvoll, die verfügbare Anzahl Stück im Lager über verschiedene Perioden aufzusummieren, jedoch über die Periode den Durchschnitt, Minimum oder Maximum zu bilden.

4. Schritt: Wir aktivieren nun die Kennzahl .

Entsprechend legen wir noch die Kennzahlen gemäß nachfolgender Tabelle an.

Kennzahl	Bezeichnung	Datentyp	Währung / Einheit
MB1DREVG	Bruttoumsatz	Curr	Einheit/Währung: 0CURRENCY
MB1DREVN	Nettoumsatz	Curr	Einheit/Währung: 0CURRENCY
MB1DPRICU	Preis/St. in Landeswährung	Curr	Einheit/Währung: 0CURRENCY
MB1DPCOSU	Produktstückkosten in EUR	Curr	Feste Währung: EUR
MB1DREBAT	Rabatt	Curr	Einheit/Währung: 0CURRENCY
MB1DQUAN	Verkaufsmenge	Quan	Basismengeneinheit: 0BASE_UOM

Tab.: Kennzahlen anlegen

6.1.4 Merkmale anlegen

Nun können wir die für unsere Fallstudie benötigten InfoObjects für Merkmale anlegen.

Artikel anlegen

1. Schritt: Wir klicken mit der rechten Maustaste auf Merkmale (Dozent) und wählen im Kontextmenü InfoObject anlegen...

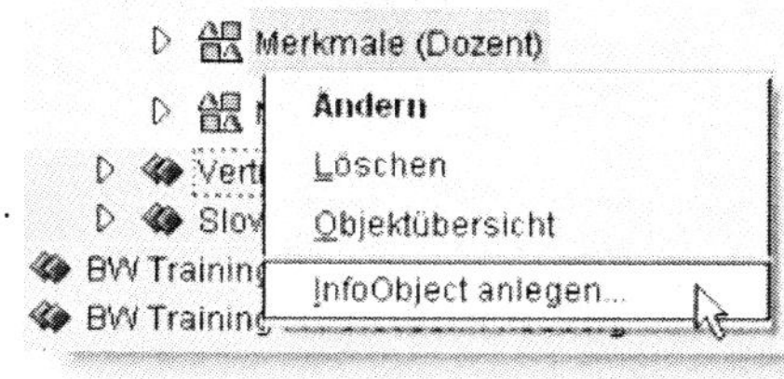

Abb.: InfoObject anlegen (c) SAP AG

2. Schritt: Daraufhin vergeben wir den technischen Namen MB1DARTIC sowie die Bezeichnung Artikel.

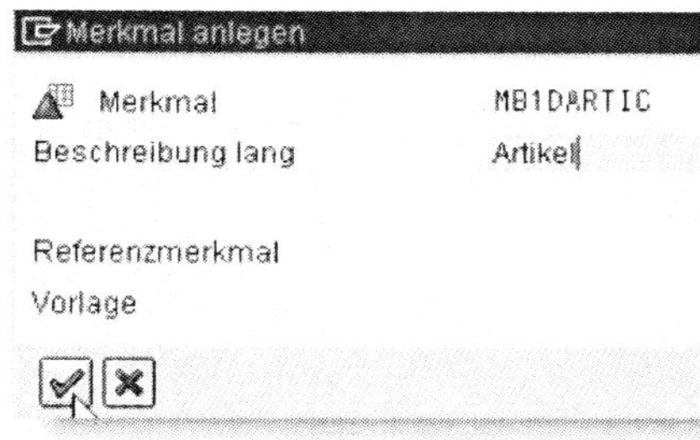

Abb.: InfoObject Artikel anlegen (c) SAP AG

Als nächstes werden über die Registerkarte "Allgemeines" die allgemeinen Eigenschaften des InfoObjects festgelegt.

3. Schritt: Das InfoObject Artikel ist ein Objekt mit einem numerischer Datentyp NUMC und besitzt die Länge 3.

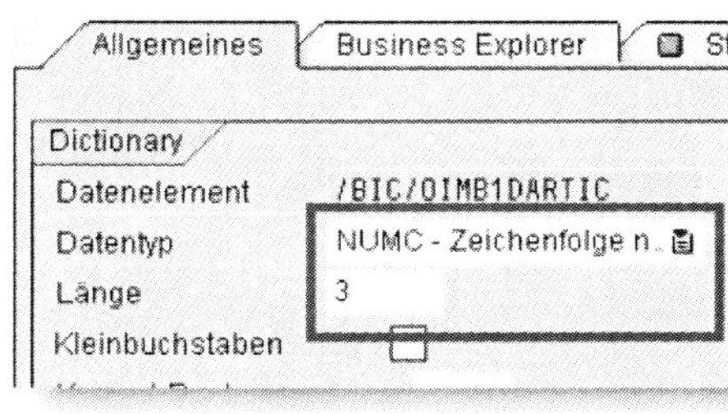

Abb.: Allgemeine Eigenschaften eines Merkmal anlegen (c) SAP AG

4. Schritt: In der Registerkarte "Business Explorer" kann eingestellt werden, ob die lange oder die kurze Beschreibung im Business Explorer für dieses Merkmal angezeigt werden soll bzw. ob die Darstellung eines Objektes nur als Text (z.B. "Roller"), nur als Schlüssel (z.B. "001") oder gemeinsam als Schlüssel und Text ("001 Roller") erfolgen soll. Dies ist dann später die Default-Einstellung im Business Explorer.

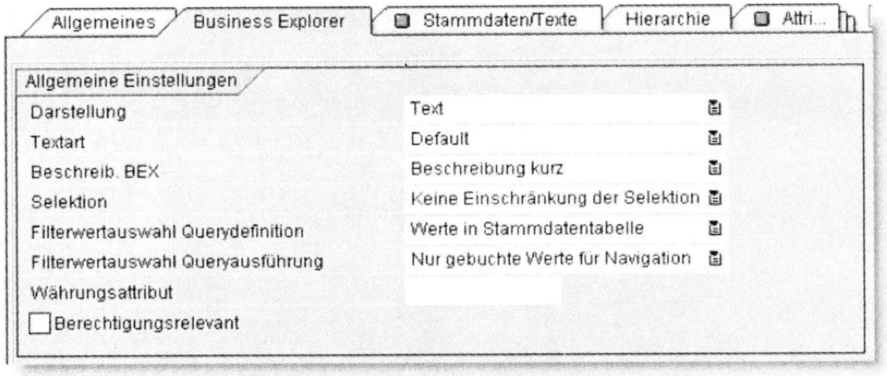

Abb.: Allgemeine Darstellung eines Merkmals (c) SAP AG

5. Schritt: Das Merkmal Artikel soll sowohl **Stammdaten** als auch **Texte** besitzen. Dazu setzen wir die entsprechenden Markierungen im Register "Stammdaten/Texte".

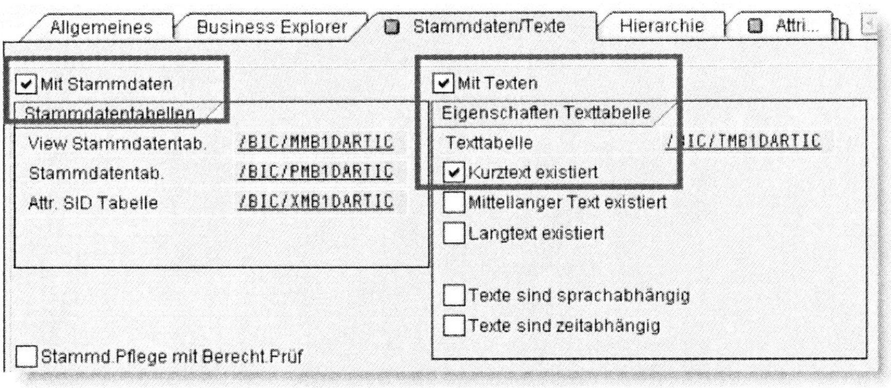

Abb.: Merkmal mit Stammdaten und Texten anlegen (c) SAP AG

6. Schritt: Das Merkmal soll zudem Attribute besitzen. Dazu weisen wir unserem Artikel die Merkmale

- Basismengeneinheit (0BASE_UOM),
- Sparte (0DIVISION) sowie
- Verrechnungspreis in EUR (MB1DPRICU)

zu.

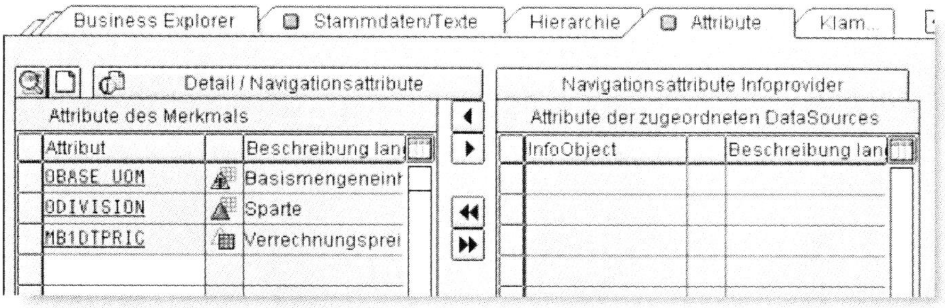

Abb.: Attribute dem Merkmal Artikel zuweisen (c) SAP AG

Einige Attribute besitzen lediglich beschreibenden Charakter und eignen sich deshalb nicht als Analysemerkmal. Ein Beispiel dafür sind die InfoObjecte "Vorname" oder "Straße". Eine Datenanalyse über diese Merkmale ergibt in vielen Fällen keinen Sinn.

Man unterscheidet zwischen:

1. **Displayattribut**: Ein Beispiel dafür ist das Attribut Basismengeneinheit. Dieses Objekt wird lediglich als Anzeigeattribute (DIS für „display") markiert.
2. **Navigationsattribut**: Das Attribut Sparte hingegen soll im InfoCube zur Datenanalyse mit Hilfe von OLAP- Funktionen verwendet werden. Aus diesem Grund muss dieses als Navigationsattribut (NAV) markiert werden.

Mit  können wir Attribute als Navigationsattribute aktivieren bzw. deaktivieren. Beim Aktivieren kann dann eine zusätzliche Beschreibung des Navigationsattributs angeben werden. Wir benennen das Navigationsattribut ebenfalls "Sparte".

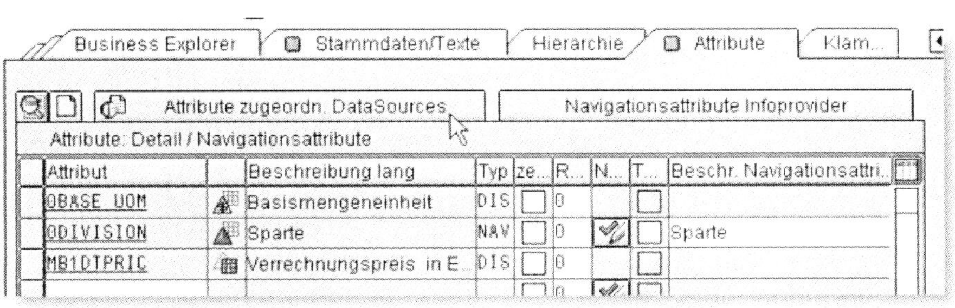

Abb.: Merkmal als Navigationsattribut bzw. Displayattribut markieren (c) SAP AG

8. Schritt: Wir aktivieren schließlich das InfoObject und verlassen die Definition des InfoObjects.

Verkaufs-büro anlegen

Analog legen wir ein InfoObject MB1DSALOF mit der Beschreibung Verkaufsbüro an.

1. Das InfoObject Verkaufsbüro besitzt den Datentyp CHAR 4-stellig.
2. Die Darstellung im Business Explorer soll als Schlüssel und Text erfolgen.
3. Es besitzt sowohl Stammdaten als auch Texte.
4. Attribute des Verkaufsbüros sind Buchungskreis (0COMP_CODE) und Land (0COUNTRY).
5. Beide Attribute sollen im InfoCube zur Datenanalyse mit Hilfe von OLAP- Funktionen verwendet werden und müssen deshalb als Navigationsattribute freigeschalten werden.

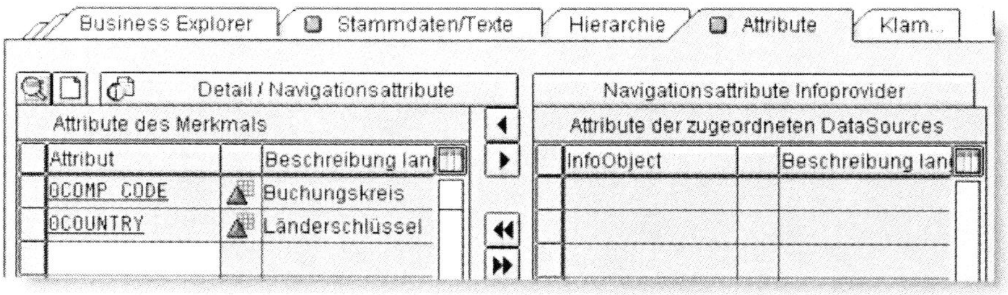

Abb.: Merkmal Verkaufsbüro anlegen (c) SAP AG

Jedes Verkaufsbüro ist somit eindeutig einem Buchungskreis und einem Land zugeordnet.

Wir aktivieren schließlich wieder das InfoObject und verlassen die Definition des InfoObjects.

Hinweis!

Im Rahmen unserer Fallstudie greifen wir auch auf InfoObjects zurück, die wir nicht selbst anlegen müssen, da sie bereits von SAP ausgeliefert werden:

0COMP_CODE	Buchungskreis
0COUNTRY	Länderschlüssel
0DIVISION	Sparte
0DIST_CHAN	Vertriebsweg

6.1.5 Erfassen von Stammdaten

Im Folgenden erfassen wir zunächst manuell die Stammdaten für die Verkaufsbüros.

Dazu wählen wir im Kontextmenü des Verkaufsbüros Stammdaten pflegen …

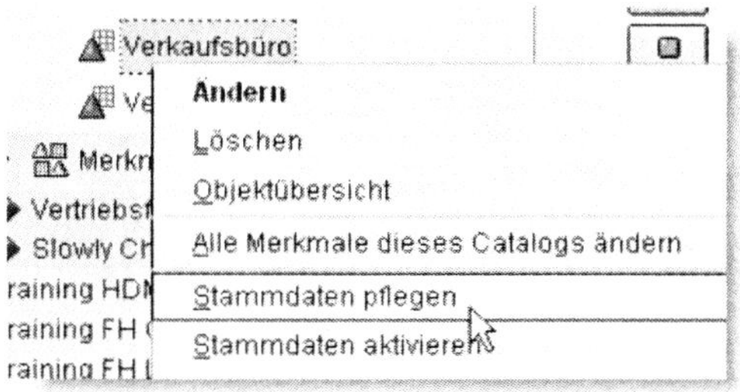

Abb.: Stammdaten erfassen (c) SAP AG

1. Schritt: Es erscheint das Fenster Stammdaten pflegen: Selektion.

Wir bestätigen .

2. Schritt: Mit dem Icon  können wir dann die neuen Stammdatensätze pflegen.

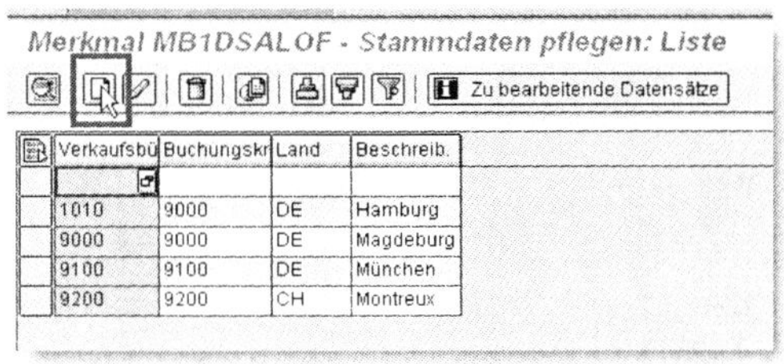

Abb.: Stammdaten pflegen (c) SAP AG

3. Schritt: Wir legen die Stammdaten der Verkaufsbüros entsprechend nachfolgender Tabelle an.

Verkaufsbüro	Buchungskreis	Land	Beschreibung
1010	9000	DE	Hamburg
9000	9000	DE	Magdeburg
9100	9100	DE	München

9200	9200	CH	Montreux

Tab.: Stammdaten anlegen – Verkaufsbüro

4. Schritt: Anschließend sichern wir und schauen uns die eingepflegten Stammdaten nochmals über das Kontextmenü des InfoObjects als Liste an.

Hinweis:
Die Stammdaten werden in der Regel über Ladeprogramme aus den operativen Quellsystemen geladen. Der Ladevorgang wird in den folgenden Kapiteln beschrieben!

Sparte anlegen

5. Schritt: Wir erfassen noch folgenden Stammdaten für das InfoObject Sparte (0DIVISION)

Sparte	Sprache	Beschreibung
60	DE	Service
61	DE	Straßenmotorräder
62	DE	Motocross
63	DE	Roller

Abb.: Stammdaten anlegen – Sparte

Buchungskreise anlegen

6. Schritt: Analog müssen wir auch die Buchungskreise (0COMP_CODE) anpassen.

Buchungskreis	Beschreibung mittel	Währung
9000	Motorsport Magdeburg AG	EUR
9100	Motorsport München GmbH	EUR
9200	Motorsport Montreux	CHF

Abb.: Stammdaten anlegen – Buchungskreis

Vertriebswege anlegen

7. Schritt: Schließlich müssen wir auch die Vertriebswege (0DISTR_CHAN) anpassen.

Vertriebsweg	Beschreibung kurz	Sprache

02	Großhandel	DE
03	Einzelhandel	DE
05	Internet	DE

Abb.: Stammdaten anlegen – Vertriebswege

6.2 InfoCube definieren

Wir wollen nun den InfoCube zur Fallstudie anlegen.

1. Schritt: Wir öffnen innerhalb der Administrator Workbench den Bereich "InfoProvider".

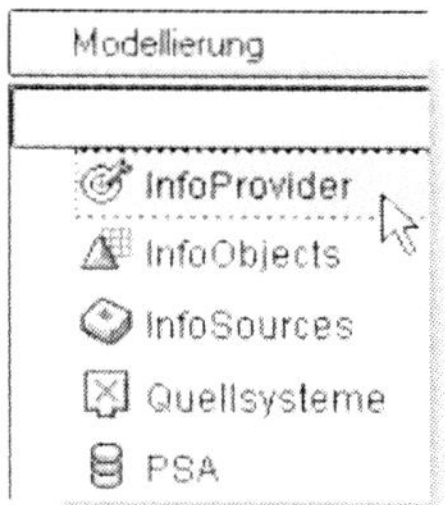

Abb.: Bearbeitung von InfoProvidern (c) SAP AG

6.2.1 InfoCube anlegen

InfoCubes werden wie InfoObjects einer InfoArea zugeordnet. Die Struktur der InfoAreas wurde bereits mit der Definition der InfoObjects erzeugt.

2. Schritt: Wir wechseln in die InfoArea der Fallstudie und wählen über das Kontextmenü InfoCube anlegen...

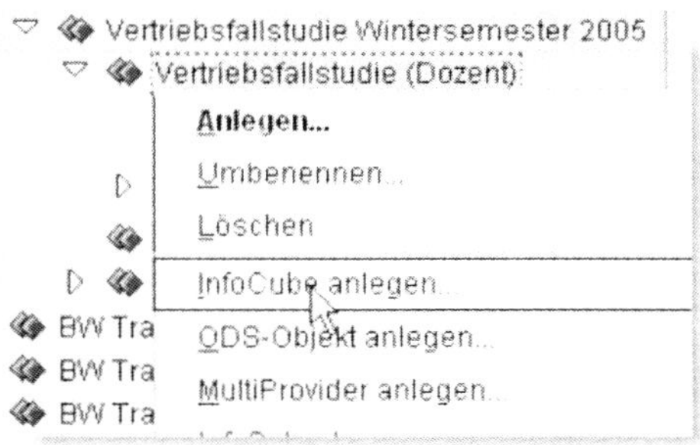

Abb.: InfoCube anlegen (c) SAP AG

3. Schritt: Anschließend vergeben wir den technischen Namen MB1DR01 sowie die Bezeichnung "Vertrieb Motorsport AG". Als InfoCubeTyp wählen wir BasisCube.

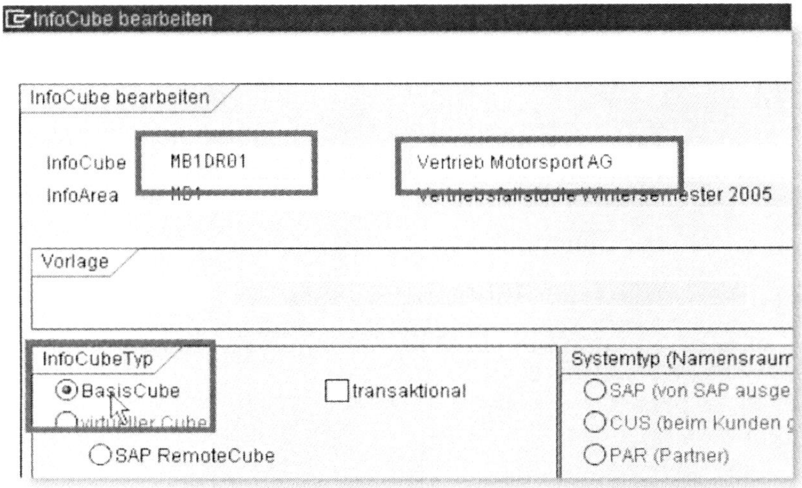

Abb.: InfoCube anlegen (c) SAP AG

Merke:
Ein BasisCube ist ein InfoCube, der direkt mit Hilfe der Fortschreibungsregeln bebucht wird. Im Gegensatz dazu versteht man unter einem RemoteCube einen virtuellen InfoCube, dessen Daten extern und somit nicht im Business Information Warehouse verwaltet werden.

Mit  wird der InfoCube angelegt. Es erscheint eine Bildschirmmaske zur Definition der Struktur des InfoCubes.

6.2.2 Merkmale definieren

4. Schritt: Nun definieren wir die Merkmale des InfoCubes.

Auf der rechten Seite werden im Bereich **Vorlage** alle verfügbaren InfoObjects angezeigt. In unserem Fall benötigen wir aber nur die Merkmale "Artikel", "Vertriebsweg" und "Verkaufsbüro".
Um die gewünschten InfoObjects leichter zu finden verwenden wir die Suchhilfe . Da wir bereits wissen, dass die von uns angelegten Merkmale mit "MB1" beginnen, geben wir diese Abkürzung gefolgt von einem Stern *, der stellvertretend für beliebige Zeichen steht, in die Suchmaske ein und starten die Suche mit .

Wir markieren die entsprechenden Zeilen in der Vorlage, übernehmen die Merkmale mit Hilfe der Pfeiltaste in die Struktur unseres InfoCubes und sichern anschließend .

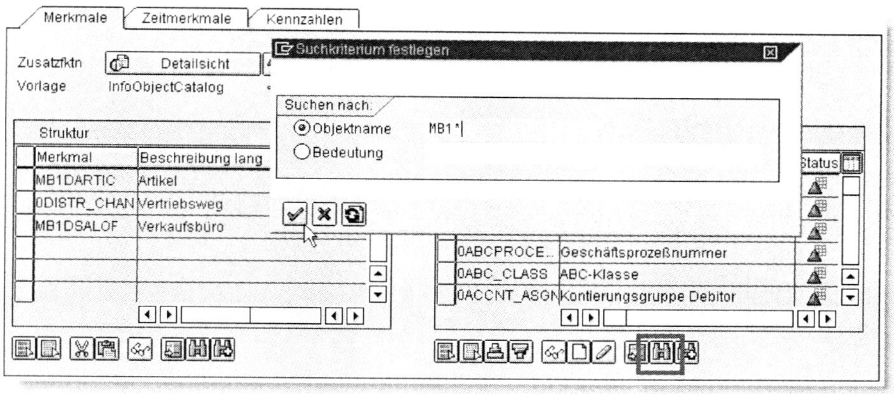

Abb.: Merkmale in den InfoCube übernehmen (c) SAP AG

6.2.3 Zeitmerkmale

5. Schritt: Nun wählen wir die Zeitmerkmale aus. Hierbei verwenden wir die von SAP vorgegebenen Merkmale "Kalenderjahr/Monat", "Kalendermonat" sowie " Kalenderjahr".

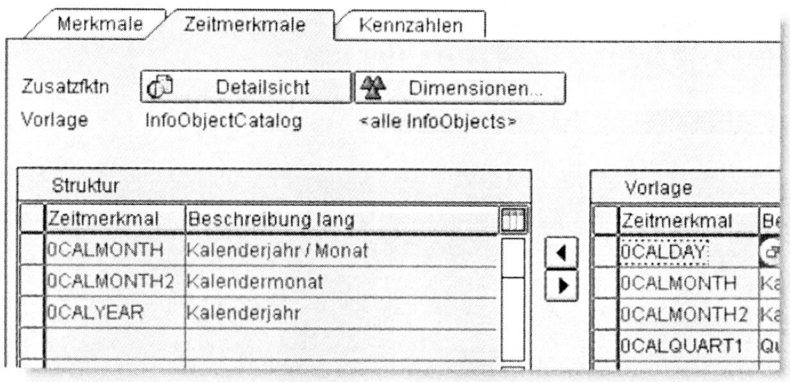

Abb.: Zeitmerkmale in den InfoCube übernehmen (c) SAP AG

6.2.4 Kennzahlen definieren

6. Schritt: Als nächstes wählen wir die Kennzahlen aus. Wir nehmen den "Preis/St. in Landeswährung", die "Verkaufsmenge", den "Rabatt" sowie den "Brutto-" und "Nettoumsatz" in unseren InfoCube auf.

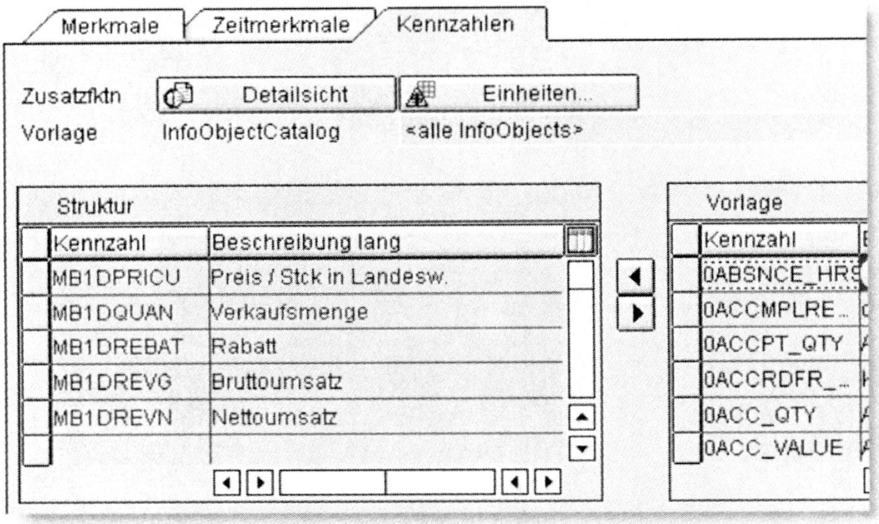

Abb.: Kennzahlen in den InfoCube übernehmen (c) SAP AG

6.2.5 Dimensionen definieren

7. Schritt: Nachdem wir Merkmale, Zeitmerkmale und Kennzahlen in die Struktur unseres InfoCubes übernommen haben, rufen wir im Bereich Merkmale den Dialog zur Festlegung der Dimensionen auf.

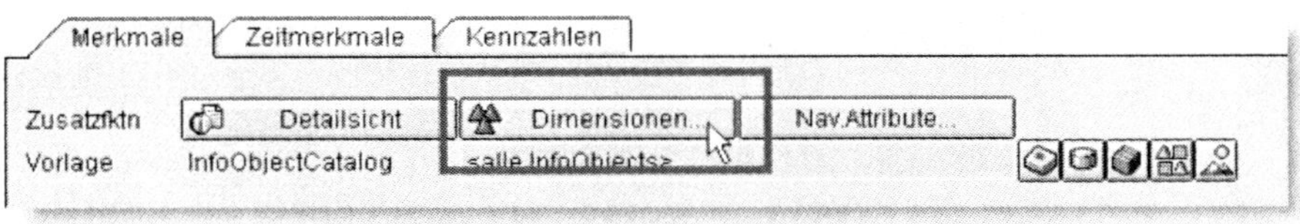

Abb.: Dimensionen anlegen (c) SAP AG

Wir erhalten zunächst die Meldung, dass noch keine Dimensionen erstellt sind. Da in unserem Fall keine Vorlage existiert verneinen wir die Frage, ob die Dimensionen aus einer Vorlage erstellt werden sollen.

8. Schritt: Wir definieren die beiden Dimensionen Produkt und Vertrieb. Die technischen Bezeichner werden vom System automatisch vergeben.

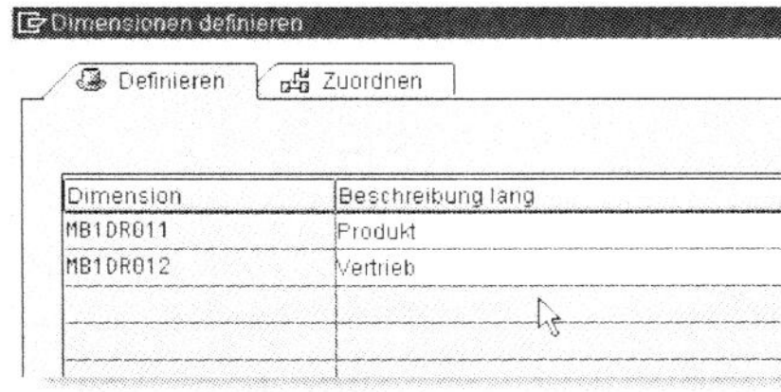

Abb.: Festlegen der Dimensionen (c) SAP AG

9. Schritt: Nun ordnen wir dem Merkmal Artikel die Dimension Produkt und den Merkmalen Vertriebsweg und Verkaufsbüro jeweils die Dimension Vertrieb zu.

Die Zuordnung erfolgt in drei Schritten.

1. Wir markieren zunächst das Merkmal.
2. Wir positionieren den Cursor auf die gewünschte Dimension.
3. Wir ordnen anschließend das Merkmal der Dimension zu.

Danach verlassen wir die Zuordnung mit.

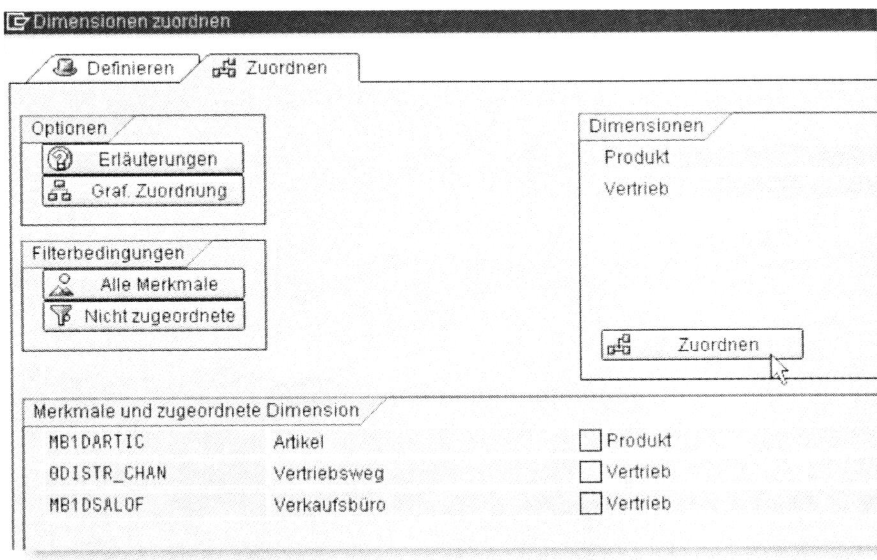

Abb.: Zuordnung der Merkmale zu den Dimensionen (c) SAP AG

6.2.6 Navigationsattribute

Bei der Definition der InfoObjects haben wir Attribute festgelegt. So ist beispielsweise die Sparte ein Attribut des InfoObjects Artikel, Buchungskreis und Land sind Attribute des InfoObjects Verkaufsbüro.

Bei der Definition des InfoCubes müssen jetzt diejenigen Attribute als Navigationsattribute definiert werden, die im Reporting als Analyseobjekte zur Verfügung stehen sollen. Dies erfolgt über den Bereich Navigationsattribute. Andernfalls sind sie lediglich Anzeigeattribute und können nicht zur Datenanalyse verwendet werden.

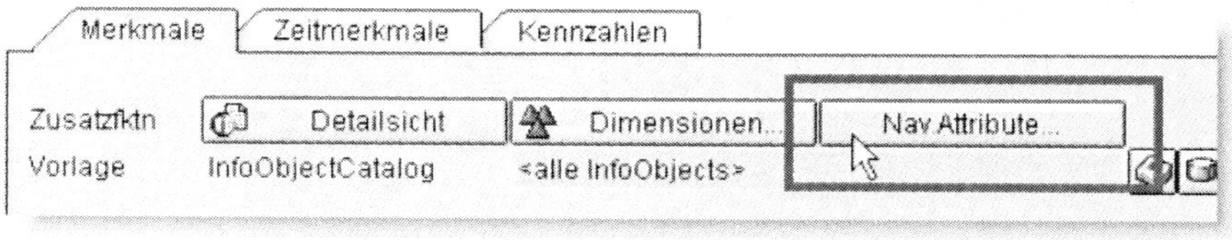

10. Schritt: Wir übernehmen für unsere Fallstudie alle Attribute.

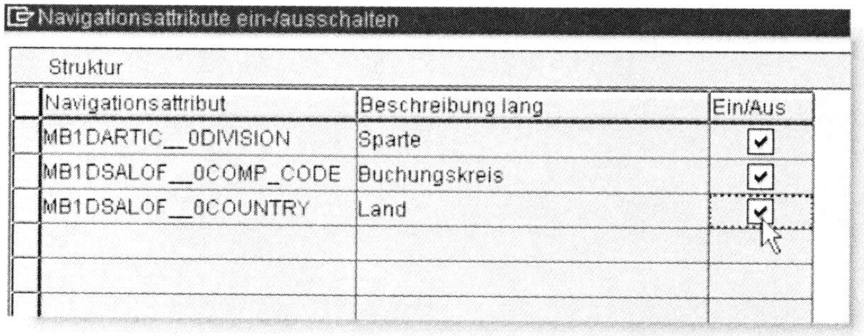

Navigationsattribut	Beschreibung lang	Ein/Aus
MB1DARTIC__0DIVISION	Sparte	☑
MB1DSALOF__0COMP_CODE	Buchungskreis	☑
MB1DSALOF__0COUNTRY	Land	☑

Abb.: Navigationsmerkmale (c) SAP AG

11. Schritt: Jetzt können wir den InfoCube aktivieren. Version und Objektstatus wechseln auf aktiv. Zudem erscheint die Meldung in der Statuszeile, dass der Cube nun aktiviert ist.

6.2.7 Datenmodell anzeigen

12. Schritt: Über das Kontextmenü des InfoCubes lassen wir uns schließlich das Datenmodell anzeigen.

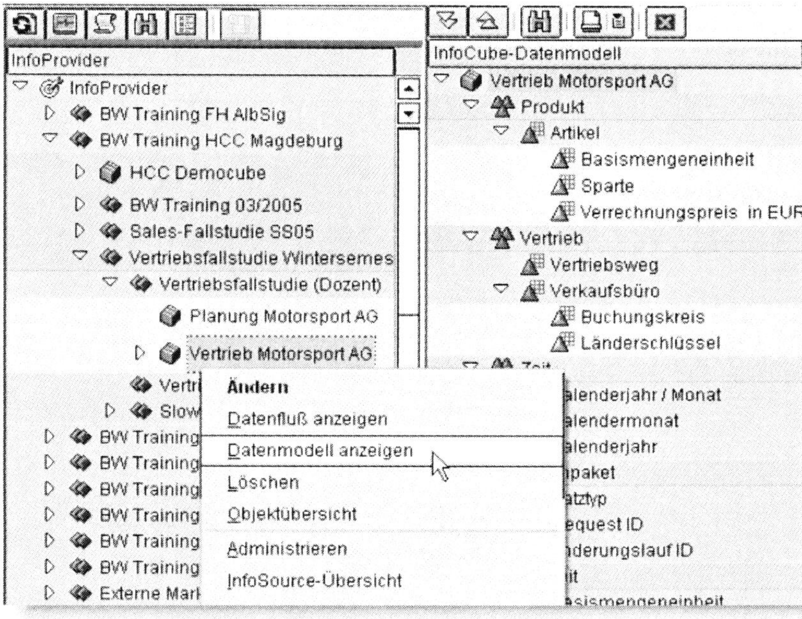

Abb.: Datenmodell des InfoCubes anzeigen (c) SAP AG

6.3 Von der DataSource zur InfoSource

Im Folgenden wird der Ladevorgang von Daten aus Quellsystemen beschrieben.

6.3.1 Anwendungskomponenten anlegen

Völlig analog zu den InfoAreas bei den InfoProvidern sind nun Anwendungskomponenten bei den InfoSourcen anzulegen.

Anwendungs-komponente

Eine **Anwendungskomponente** dient zur Strukturierung von InfoSourcen im SAP BW. Jede InfoSource (z. B. InfoObject, InfoCube) ist einer Anwendungskomponente zugeordnet, deren Struktur über die Administrator Workbench verwaltet wird.

Eine Anwendungskomponente ist ein rein organisatorisches Hilfsmittel.

Anwendungskomponenten können selbst wieder Anwendungskomponenten enthalten.

Anw.-komp. anlegen

Für unsere Fallstudie wollen wir eine neue Anwendungskomponente mit dem Namen Vertriebsfallstudie Wintersemester 2005 anlegen. Innerhalb dieser Anwendungskomponente sollen zwei weitere Anwendungskomponenten angelegt werden: eine InfoArea für den Dozenten, eine weitere für die Studenten.

1. Schritt: Wir öffnen innerhalb der Administrator Workbench den Bereich "InfoSources".

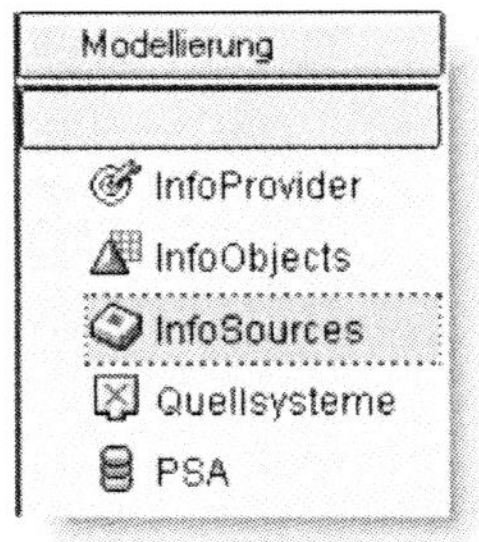

Abb.: Bearbeitung von InfoSourcen starten (c) SAP AG

2. Schritt: Durch Auswahl des Kontextmenüs (rechte Maustaste) auf einer uns zugeordneten Anwendungskomponente (hier: BW Training HCC Magdeburg) können weitere Anwendungskomponenten angelegt werden.

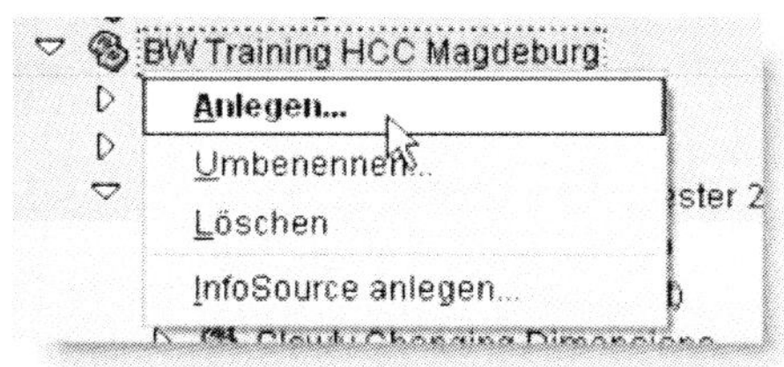

Abb: Anwendungskomponente über das Kontextmenü anlegen (c) SAP AG

3. Schritt: Wir legen zunächst die Anwendungskomponente mit dem technischen Namen ZMB1 und der Beschreibung Vertriebsfallstudie Wintersemester 2005 an.

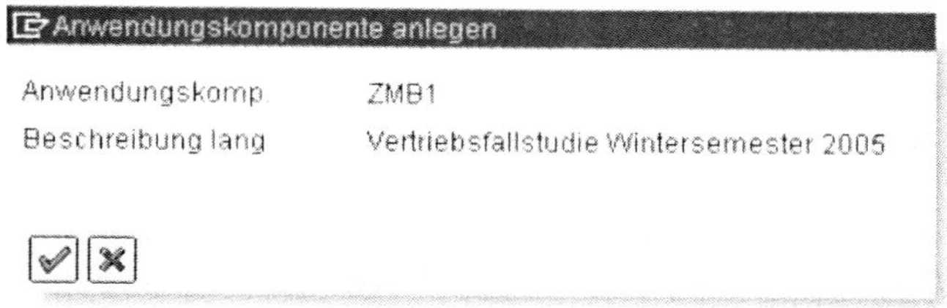

Abb.: Anwendungskomponente anlegen (c) SAP AG

Das Anlegen bestätigen wir mit .

4. und 5. Schritt: Anschließend legen wir eine Ebene tiefer eine weitere Anwendungskomponente ZMB1D mit der Beschreibung Vertriebsfallstudie (Dozent) sowie die Anwendungskomponente ZMB1S mit der Beschreibung Vertriebsfallstudie (Student) an.

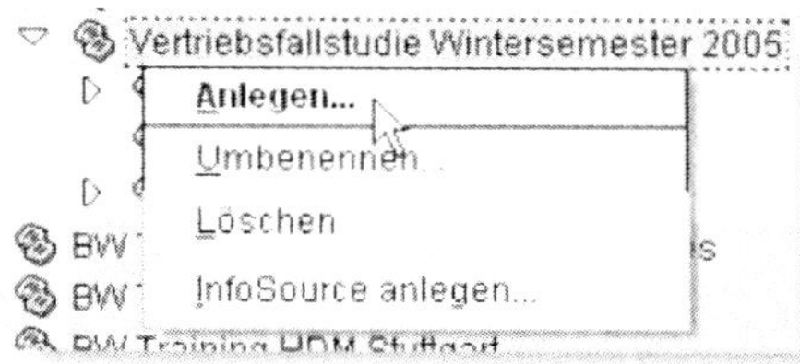

Abb.: Weitere InfoArea anlegen (c) SAP AG

Danach besitzt unsere Fallstudie den gewünschten Aufbau an Anwendungskomponenten.

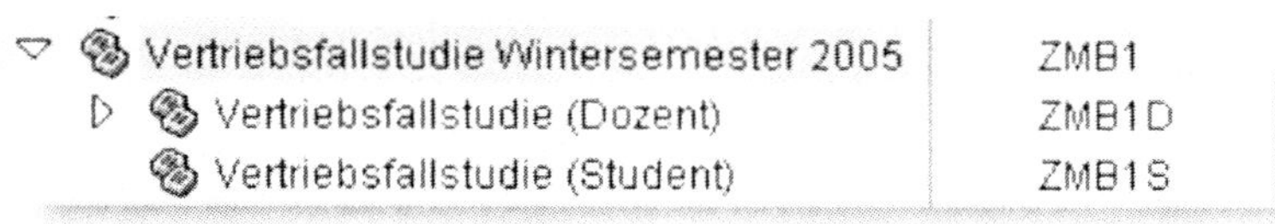

Abb.: Anwendungskomponenten für die Vertriebsfallstudie (c) SAP AG

6.3.2 Laden von Stammdaten

Die Stammdaten für das Merkmal Artikel sind recht umfangreich und werden deshalb aus einem Quellsystem geladen. Zur Veranschaulichung wird eine durch Delimiter getrennte Datendatei als Quellsystem verwendet.

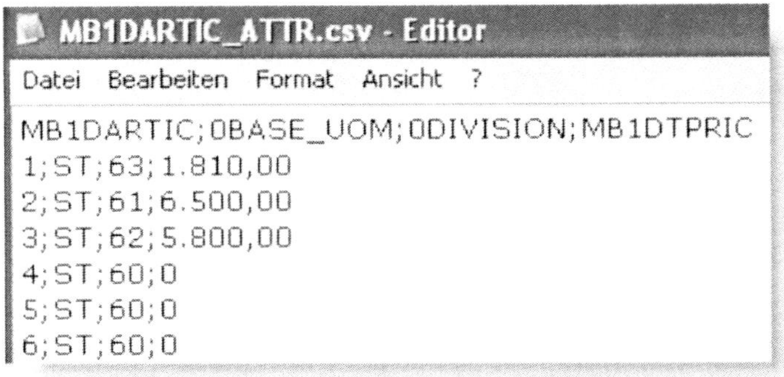

MB1DARTIC_ATTR.csv - Editor

Datei Bearbeiten Format Ansicht ?

```
MB1DARTIC;0BASE_UOM;0DIVISION;MB1DTPRIC
1;ST;63;1.810,00
2;ST;61;6.500,00
3;ST;62;5.800,00
4;ST;60;0
5;ST;60;0
6;ST;60;0
```

Abb.: Datendatei mit Attributen (Ausschnitt)

Da unser InfoObject Artikel mehrsprachige Texte besitzt, müssen auch diese über eine Datei geladen werden.

MD1DARTIC_TEXT.csv - Editor

Datei Bearbeiten Format Ansicht ?

```
Artikel;DE;EN;FR
1;Roller;Motorbike;Cyclomoteur
2;Straßenmotorrad;Motorcycle;Moto
3;Motocross;Motocross;Motocross
4;Bekleidung;Clothing;Habillement
5;Helme;Helmets;Casques
6;Technik;Technics;Technique
```

Abb.: Datendatei mit Texten

InfoSource anlegen

1. Schritt: Zunächst legen wir eine InfoSource an. Dazu wechseln wir in die Anwendungskomponente unserer Fallstudie und starten über das Kontextmenu die Funktion InfoSource anlegen.

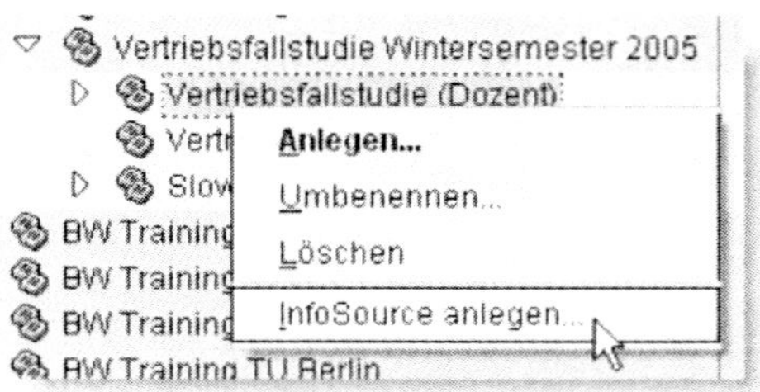

Abb. InfoSource anlegen (c) SAP AG

Fortschreibungsart anlegen

2. Schritt: Wir wählen die direkte Fortschreibung von Stammdaten und vergeben den technischen Namen MB1DARTIC.

Direkte Fortschreibung bedeutet, dass die Stammdaten eines InfoObjects unverändert (ohne die Möglichkeit einer Datenmanipulation) in eine Stammdatentabelle fortgeschrieben werden.

Bei einer InfoSource mit **flexibler Fortschreibung** werden die Daten aus der Kommunikationsstruktur unter Verwendung von Regeln in die Datenziele (InfoCube, ODS-Objekt, Stammdaten) geladen.

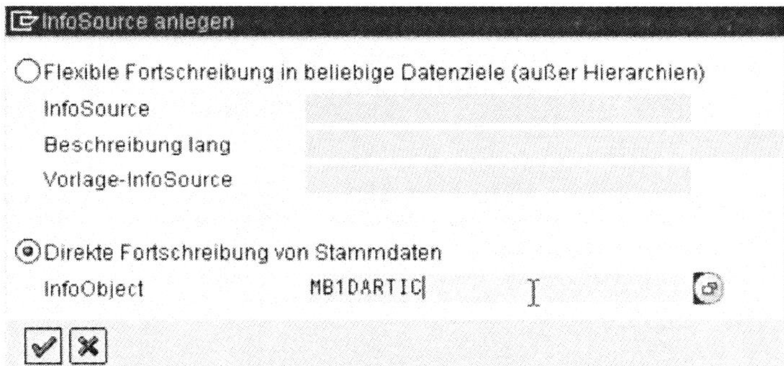

Abb.: Direkte Fortschreibung (c) SAP AG

3. Schritt: Wir bestätigen unsere Angaben sowie die nachfolgenden Meldungen .

Daraufhin schauen wir uns die Feldstruktur der erzeugten InfoSource an und erinnern uns an den Aufbau unseres InfoObjects für den Artikel MB1DARTIC. Das erste Feld in der Kommunikationsstruktur ist der Schlüssel des Objektes, gefolgt von den Attributen des InfoObjects.

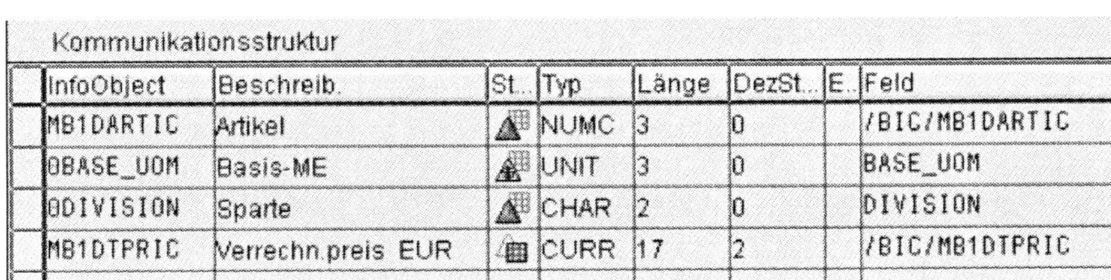

Kommunikationsstruktur

InfoObject	Beschreib.	St..	Typ	Länge	DezSt..	E..	Feld
MB1DARTIC	Artikel		NUMC	3	0		/BIC/MB1DARTIC
0BASE_UOM	Basis-ME		UNIT	3	0		BASE_UOM
0DIVISION	Sparte		CHAR	2	0		DIVISION
MB1DTPRIC	Verrechn.preis EUR		CURR	17	2		/BIC/MB1DTPRIC

Abb.: InfoSource Kommunikationsstruktur (c) SAP AG

DataSource zuweisen

4. Schritt: Wir starten die Zuweisung der DataSource zur InfoSource.

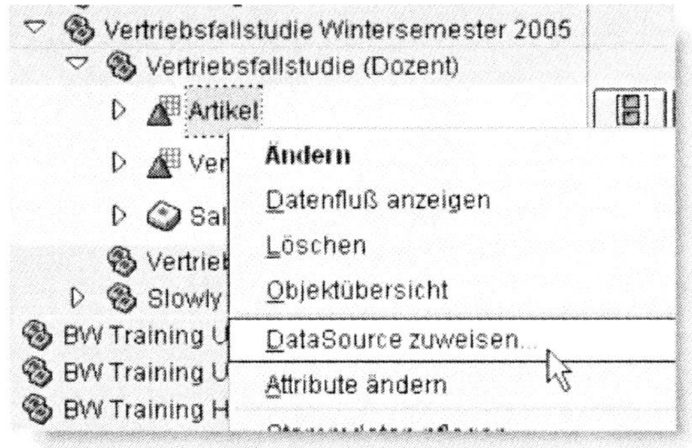

Abb.: DataSource zuweisen (c) SAP AG

5. Schritt: Wir weisen der InfoSource MB1DARTIC als Datenquelle (DataSource) das Quellsystem PC_FILE zu.

Abb.: PC_FILE als Quellsystem zuweisen (c) SAP AG

Anschließend sichern wir mit  .

Felder der Transferstruktur anlegen

Aufgrund der direkten Fortschreibung lassen sich nun sämtliche Programme generieren, die zum Laden der Daten in die Datenziele benötigt werden.

1. Alle Datenfelder sind so vorhanden, wie sie im InfoObject angelegt wurden.
2. Es werden zunächst die Attribute des InfoObjects geladen. Danach werden die Texte geladen. Das bedeutet, dass vom System zwei DataSources angelegt werden (Attribute und Texte). Durch die Trennung von Attributen und beschreibende Texte wird die Mehrsprachigkeit von Bezeichnungen ermöglicht.

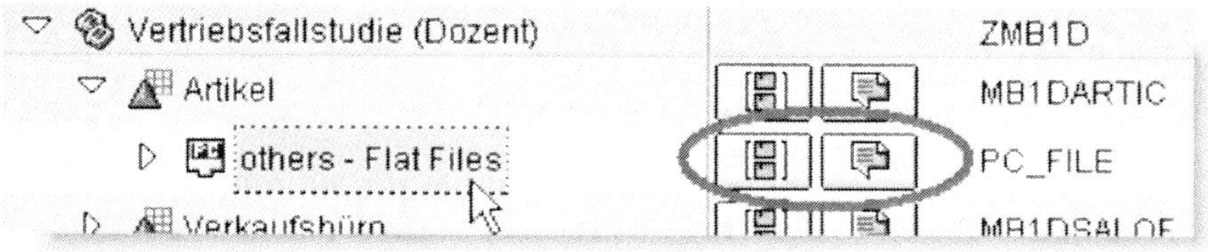

Abb.: zwei DataSources - für Attribute und Texte (c) SAP AG

Nun wechseln wir in die Bearbeitung der Transferstruktur und erfassen die InfoObjects in der Reihenfolge, wie sie in der Datendatei angegeben sind.

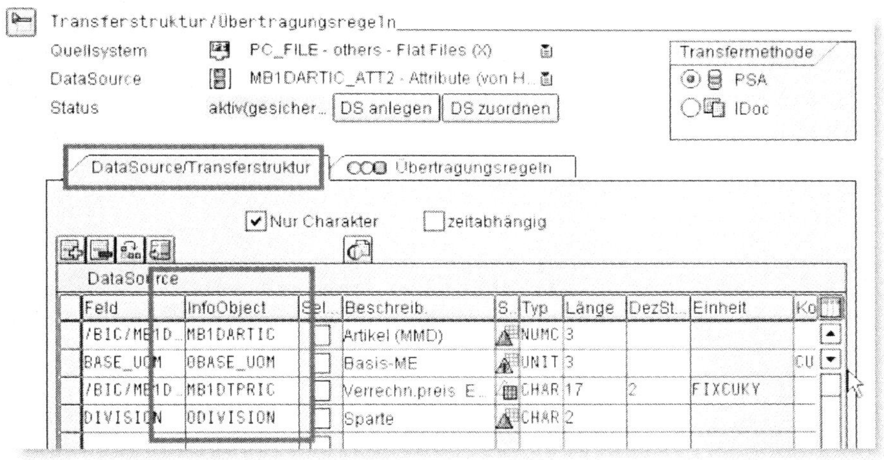

Abb.: DataSource Transferstruktur (c) SAP AG

6. Schritt: Wir aktivieren die Übertragungsregeln .

Vorschau anzeigen

7. Schritt: Vorschau auf die Datei aktivieren.

Durch das Icon gelangt man in die Vorschaufunktion.

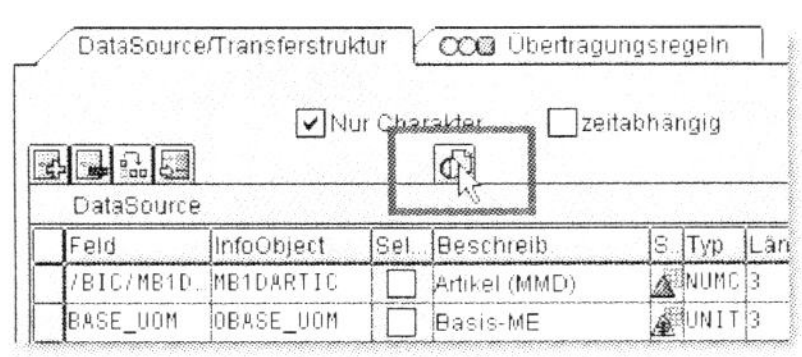

Abb.: Vorschau aktivieren (c) SAP AG

Zunächst müssen wir die Parameter für die Vorschau festlegen.

1. Bei unserer Quelldatei handelt es sich um eine csv-Datei.

2. Die erste Zeile unserer Datei enthält die Bezeichnungen der Spalten. Damit diese Kopfzeile nicht übertragen wird, müssen wir die Anzahl der zu ignorierenden Kopfzeilen mit "1" angeben.
3. Bei einer großen Anzahl an Datensätzen macht es Sinn, bei der Vorschau die Zahl der anzuzeigenden Zeilen zu begrenzen.
4. Als Dateinamen geben wir den Pfadnamen der Datei an, aus der die Daten hochgeladen werden sollen.

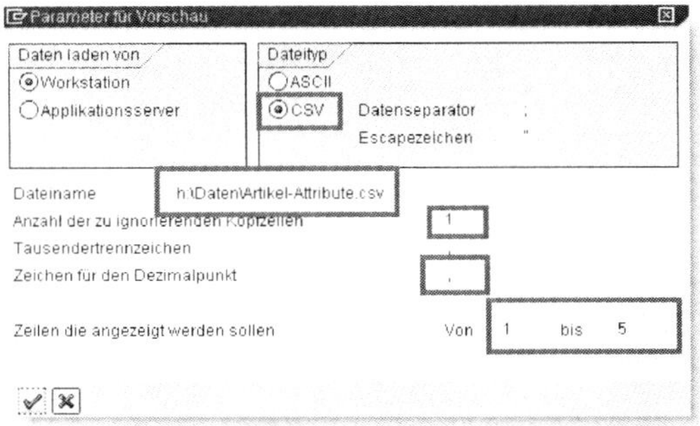

Abb.: Parameter für Vorschau einstellen (c) SAP AG

Mit  lassen wir uns die Vorschau anzeigen.

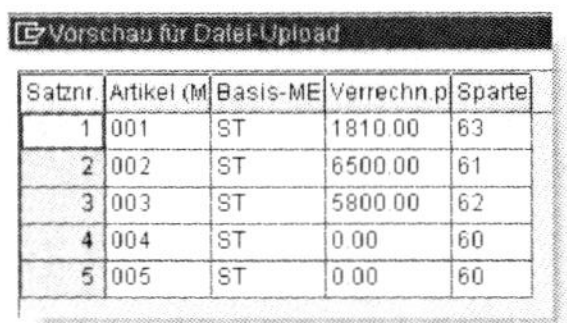
Vorschau für Datei-Upload

Satznr.	Artikel (M	Basis-ME	Verrechn.p	Sparte
1	001	ST	1810.00	63
2	002	ST	6500.00	61
3	003	ST	5800.00	62
4	004	ST	0.00	60
5	005	ST	0.00	60

Abb.: Vorschau für Datei (c) SAP AG

InfoPackage anlegen

1. Schritt: Wir legen zur DataSource PC-File unserer InfoSource ein InfoPackage an.

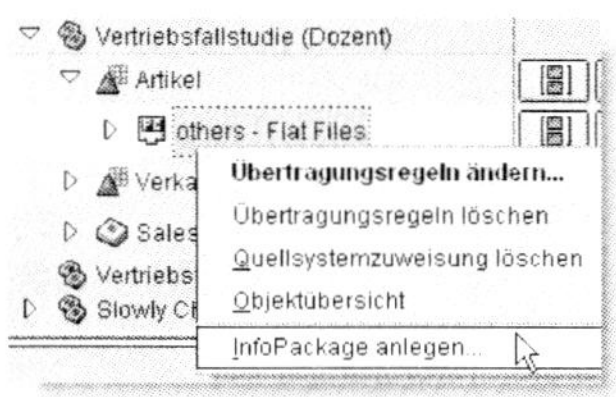

Abb.: InfoPackage anlegen (c) SAP AG

2. Schritt: Da der technische Name vom System automatisch ermittelt wird, tragen wir lediglich eine Bezeichnung ein, wählen die Stammdaten als DataSource und sichern die Einstellung.

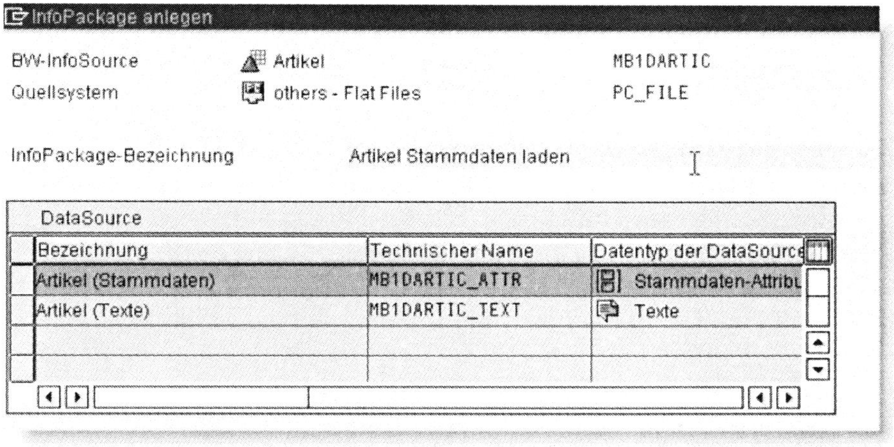

Abb.: InfoPackage definieren (c) SAP AG

3. Schritt: Nun müssen wir die Parameter für die Vorschau der Fremddaten festlegen.

1. Als Dateinamen geben wir den Pfadnamen der Datei an, aus der die Daten hochgeladen werden sollen.
2. Bei unserer Quelldatei handelt es sich um eine csv-Datei. Die Spalten sind durch ein Semikolon voneinander getrennt.
3. Die erste Zeile unserer Datei enthält die Bezeichnungen der Spalten. Damit diese Kopfzeile nicht übertragen wird, müssen wir die Anzahl der zu ignorierenden Kopfzeilen mit "1" angeben.

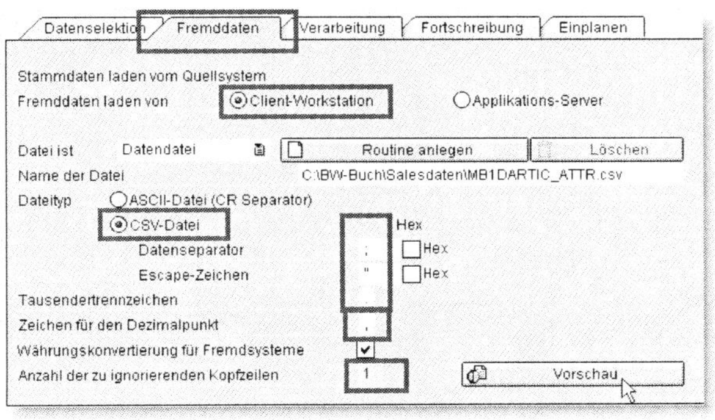

Abb.: Scheduler: Fremddaten laden (c) SAP AG

4. Schritt: Wir entscheiden uns, die Daten direkt ins InfoObject zu schreiben.
Wir erinnern uns: PSA steht für "Persistent Staging Area". Wir der Button gesetzt, so wird eine Datenbanktabelle auf Basis der Transferstruktur erzeugt. In der Tabelle werden die Daten dann abgelegt. Wir der Button **nicht** markiert, so werden die Daten **direkt** in das InfoObject transportiert.

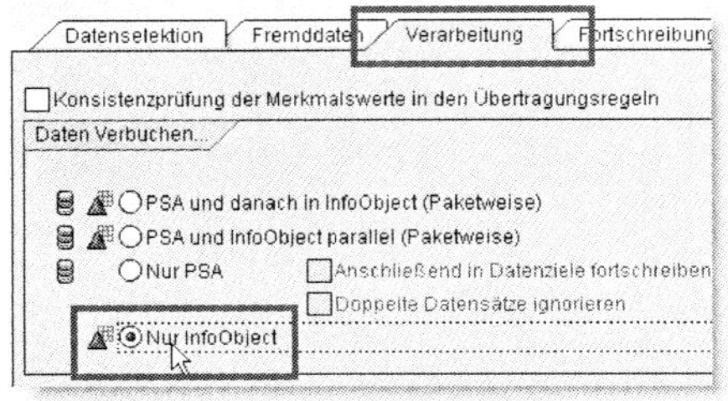

Abb.: Scheduler: Verarbeitung (c) SAP AG

5. Schritt: Anschließend starten wir die Verarbeitung der Daten.

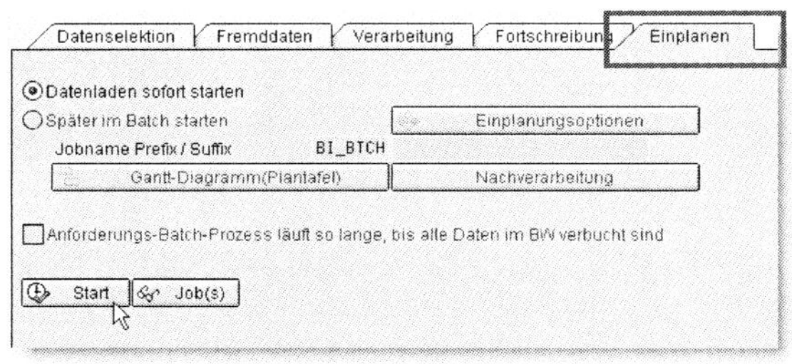

Abb.: Scheduler: Einplanen (c) SAP AG

Stammdaten laden und kontrollieren

1. Schritt: Nach der Systemmeldung "Daten wurden angefordert" verzweigen wir in den Monitor.

Abb.: Monitor starten (c) SAP AG

2. Schritt: Dort können wir erkennen, dass unser Request erfolgreich angekommen ist.

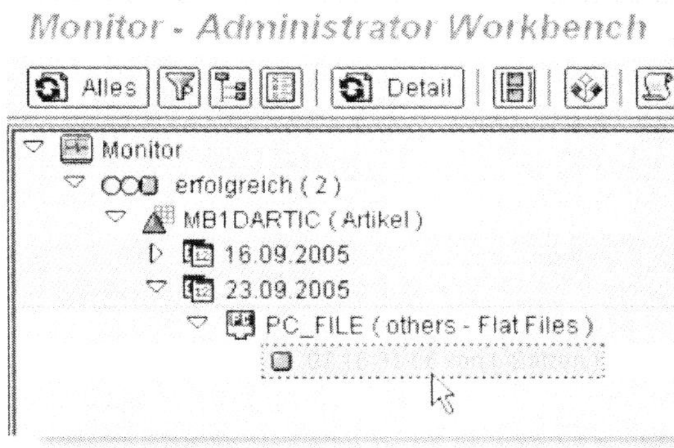

3. Schritt: Wir verlassen den Monitor mit .

Texte für Stammdaten laden

Wir verfahren analog beim Anlegen des InfoPackages für die Texte.

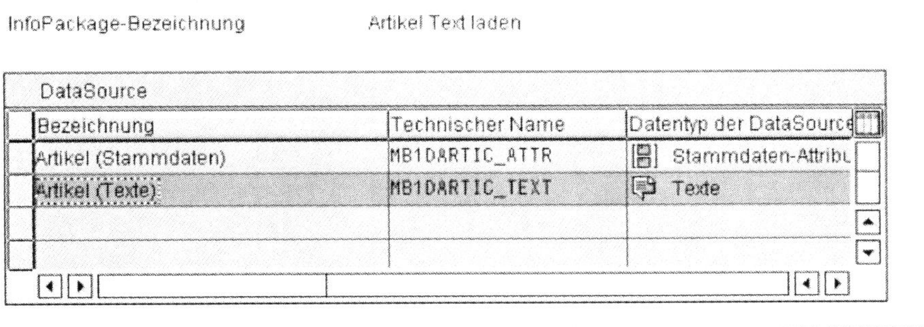

Abb.: InfoPackage Texte anlegen (c) SAP AG

Überblick InfoSources

Die nachfolgende Abbildung zeigt nochmals die Objekte, die für das Laden von Stammdaten erzeugt wurden.

1. Anwendungskomponenenten für die Vertriebsfallstudie
2. InfoSource für InfoObject Artikel
3. Die DataSource für die DataSource Artikel
4. InfoPackage für Attribute
5. InfoPackage für Texte

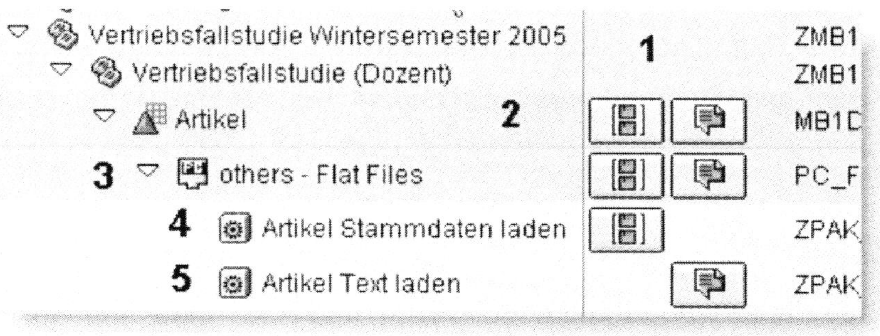

Abb.: Überblick InfoSources (c) SAP AG

6.3.3 Laden von Bewegungsdaten

In diesem Abschnitt werden wir nun die **Bewegungsdaten** für das Laden in den InfoCube vorbereiten. Dazu legen wir zunächst eine InfoSource für die Verkaufsdaten an.

InfoSource anlegen

1. Schritt: Als erstes legen wir wieder eine InfoSource an. Dazu wechseln wir in die Anwendungskomponente unserer Fallstudie und starten über das Kontextmenu die Funktion "InfoSource anlegen".

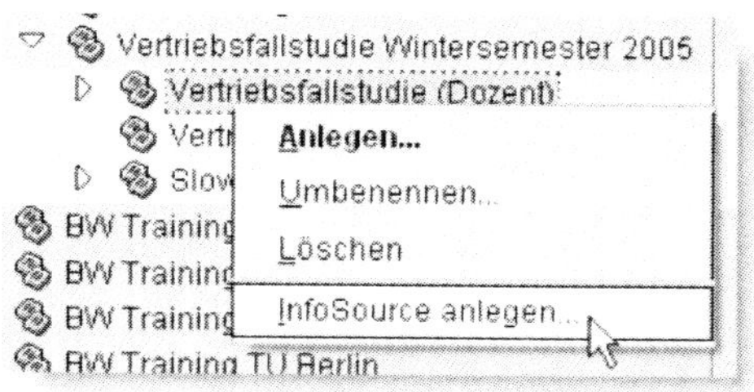

Abb.: InfoSource anlegen (c) SAP AG

Fortschreibungsart anlegen

2. Schritt: Wir wählen diesmal die **flexible Fortschreibung** da wir einige Berechnungen vornehmen werden, vergeben den technischen Namen MB1DS0001 und die Beschreibung "Salesdaten Motorsport AG".

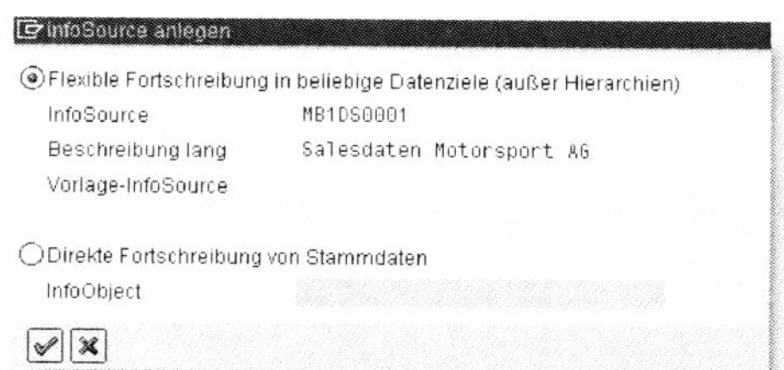

Abb.: InfoSource anlegen (c) SAP AG

Wir legen die InfoSource mit flexibler Fortschreibung an und bestätigen die Statusmeldung, die besagt, dass die InfoSource erfolgreich angelegt wurde.

DataSource zuweisen

3. Schritt: Über das Kontextmenü weisen wir der InfoSource "Salesdaten Motorsport AG" nun eine DataSource zu. Wir geben PC_FILE als Quellsystem an und klicken auf Übernehmen .

Abb.: DataSource zuweisen (c) SAP AG

Die Meldung bezüglich der Zuordnung der DataSource zur InfoSource bestätigen wir.

Felder der Transferstruktur anlegen

4. Schritt: Nun definieren wir die Felder der DataSource. Dazu tragen wir die InfoObjects als Datenfelder der Transferstruktur in die Spalte der InfoObject ein.

Achtung:
Die Reihenfolge der Felder in der Transferstruktur muss unbedingt beachtet werden, da die Transferstruktur dem Format unserer Datendatei entspricht.

Technischer Name	Bezeichnung
MB1DSALOF	Verkaufsbüro
MB1DARTIC	Artikel
0DISTR_CHAN	Vertriebsweg
0CALMONTH	KalJahr/Monat
MB1DQUAN	Verkaufsmenge
MB1DREVG	Bruttoumsatz
MB1DREBAT	Rabatt

Tab.: InfoObjects der Transferstruktur

Hinweis:
Die Reihenfolge der Felder kann auch nachträglich noch manuell geändert werden. Dazu markieren wir zunächst eine Zeile, stellen den Cursor auf die

Position, vor der die Zeile eingefügt werden soll und drücken dann die Taste "Verschieben an Cursorposition" .

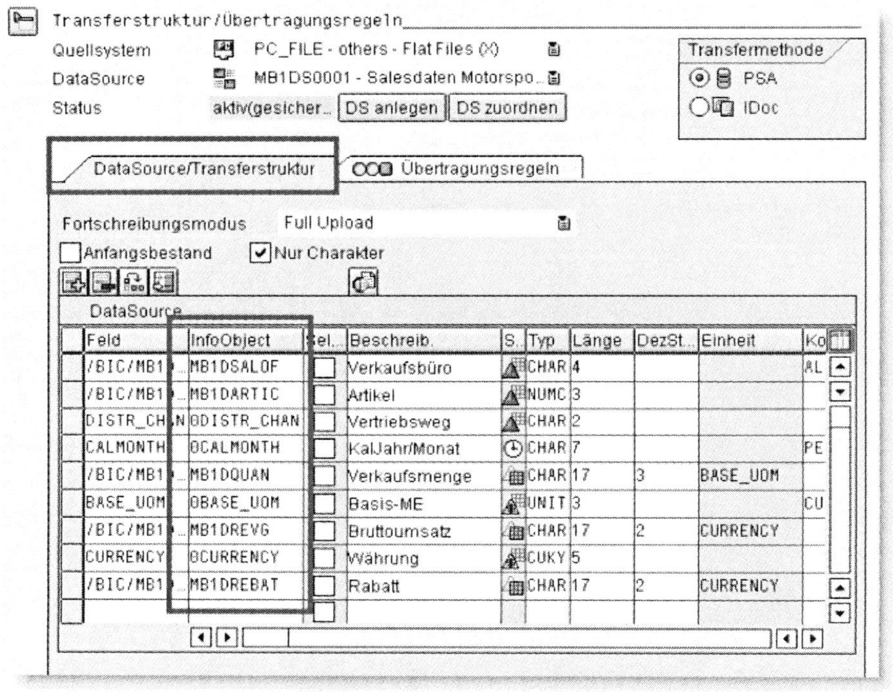

Abb.: Transferstruktur bearbeiten (c) SAP AG

Das System fügt die beiden Einheiten 0BASE_UOM (Basis-Mengeneinheit) und 0CURRECY (Währung) automatisch hinzu, da diese Objekte bei der Definition der InfoObjects als Einheit bzw. Währung angegeben wurde.

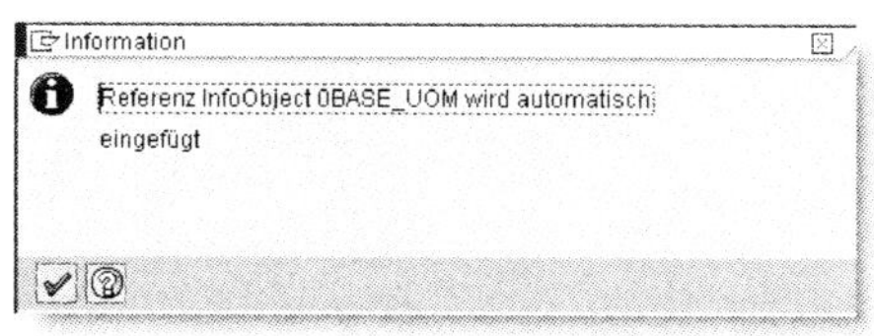

Abb: Die Basismengeneinheit wird automatisch hinzugefügt (c) SAP AG

5. Schritt: Wir speichern anschließend unsere Einstellungen .

Felder der Kommunikationsstruktur anlegen

Wir übernehmen nun die Felder der Transferstruktur der DataSource in die

Kommunikationsstruktur der InfoSource.

6. Schritt: Dazu klappen wir zunächst das Menü der Kommunikationsstruktur auf . Auf der rechten Seite werden alle Felder der InfoSource zur Übernahme in die Kommunikationsstruktur bereitgestellt. Wir markieren alle InfoObjects und übernehmen diese dann mit  in die Kommunikationsstruktur der InfoSource.

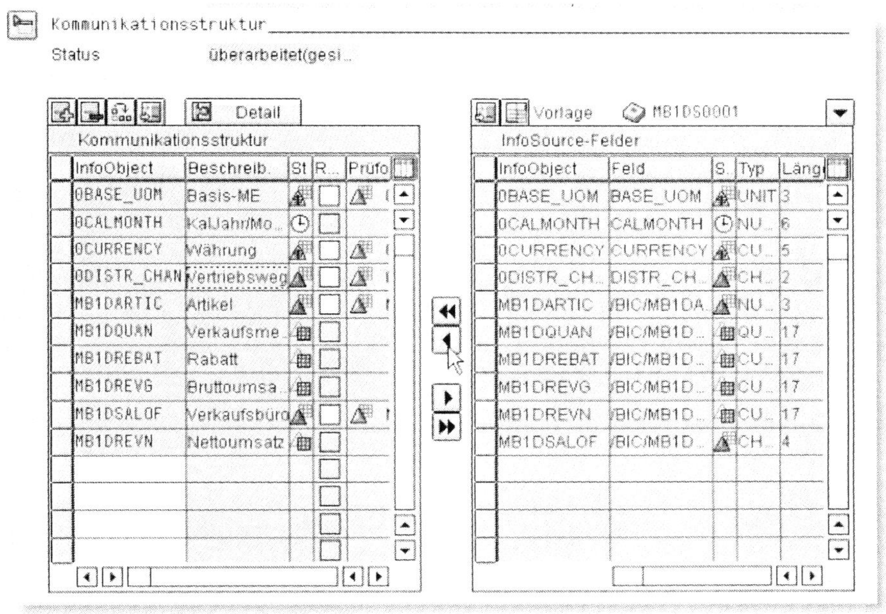

Abb.: InfoObjects in die Kommunikationsstruktur übernehmen (c) SAP AG

7. Schritt: Wir möchten die Kommunikationsstruktur um ein zusätzliches InfoObject, genauer gesagt den Nettoumsatz, erweitern. Den Nettoumsatz möchten wir später berechnen lassen. Dazu geben wir zunächst den technischen Namen des InfoObjects (MB1DREVN) in die Kommunikationsstruktur ein und bestätigen mit Enter. Damit wird das InfoObject in die Kommunikationsstruktur übernommen.

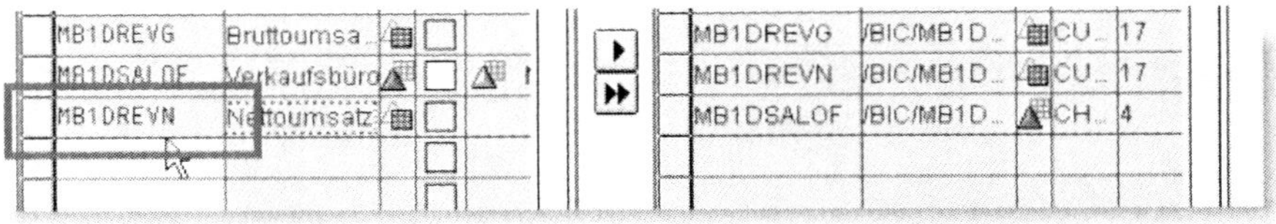

Abb: Erweiterte Kommunikationsstruktur der InfoSource (c) SAP AG

8. Schritt: Im Anschluss speichern wir zur Sicherheit mal wieder die InfoSource.

Übertragungs-regeln festlegen

9. Schritt: Wir wechseln wieder zurück in die Transferstruktur und sehen, dass die Statusanzeige der Übertragungsregeln auf gelb schaltet.

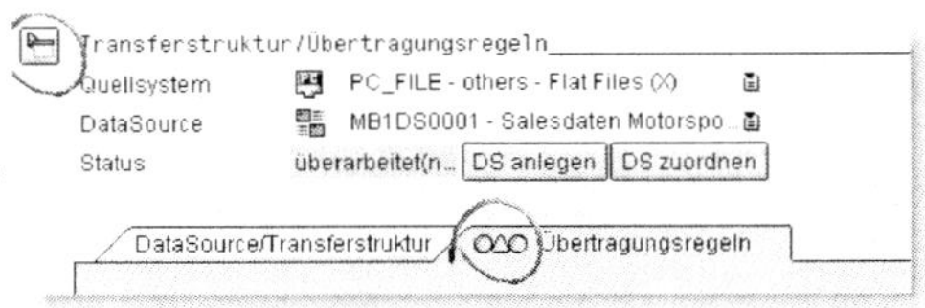

Abb.: Statusanzeige der Übertragungsregeln (c) SAP AG

Die Programme, welche die Daten aus der Transferstruktur der DataSource in die Kommunikationsstruktur der InfoSource überführen, werden als **Übertragungsregeln** bezeichnet.

Wir müssen nun definieren, wie das von uns in die Kommunikationsstruktur zusätzlich aufgenommene Feld MB1DREVN "Nettoumsatz" versorgt werden soll. Beim Nettoumsatz handelte es sich um eine Subtraktion des Rabattes vom Bruttoumsatz.

10. Schritt: Wir wechseln zunächst ins Menü zum Bearbeiten der Übertragungsregeln.

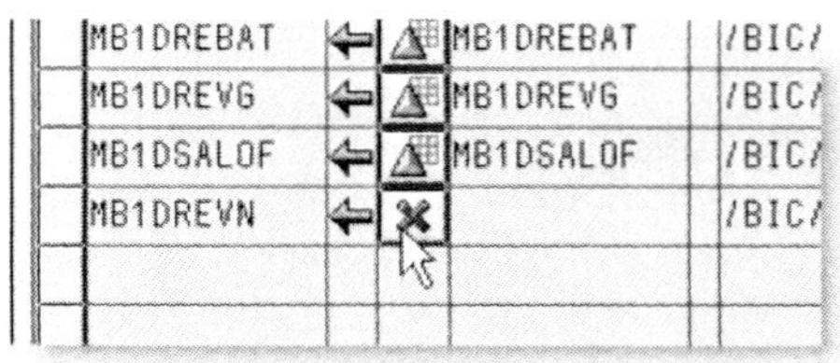

Abb.: Übertragungsregel bearbeiten (c) SAP AG

11. Schritt: Dann wählen wir den Radiobutton Formel, klicken auf Anlegen und geben der Formel im nächsten Schritt die Bezeichnung „Nettoumsatz berechnen".

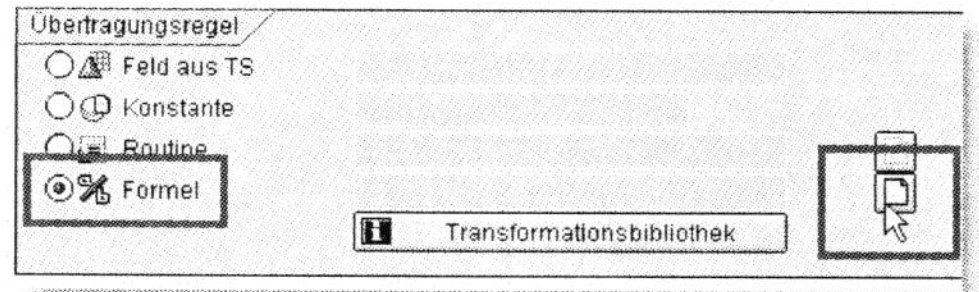

Abb.: Formel anlegen (c) SAP AG

Nach Bestätigung gelangen wir in den Formeleditor.

12. Schritt: Dort wählen wir die Bestandteile unserer Formel jeweils durch Doppelklick auf das InfoObject Bruttoumsatz, den Operator (Subtraktion) sowie auf das InfoObject Rabatt aus und prüfen unsere Formel anschließend noch auf syntaktische Korrektheit.

Wir kehren mit zur Übertragungsregel zurück und übernehmen dort die Einstellungen.

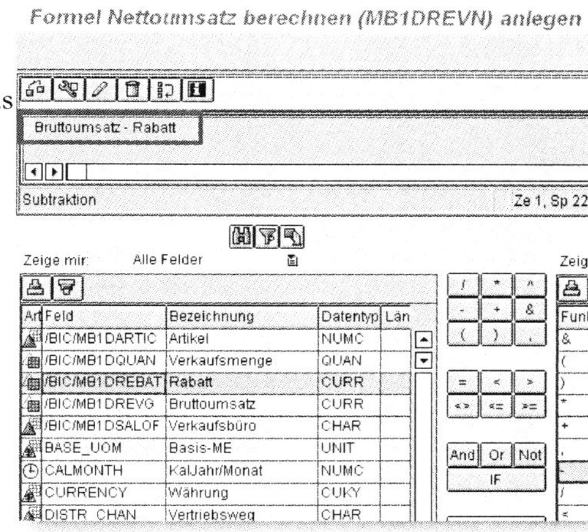

Abb.: Formel im Formeleditor anlegen (c) SAP AG

13. Schritt: Der Status der Übertragungsregeln wechselt jetzt auf grün und wir können die Programme zur Übertragung der Daten von der Transfer- in die Kommunikationsstruktur aktivieren.

Vorschau anzeigen

14. Schritt: Durch das Icon der Transferstruktur gelangen wir wieder in die Vorschaufunktion.

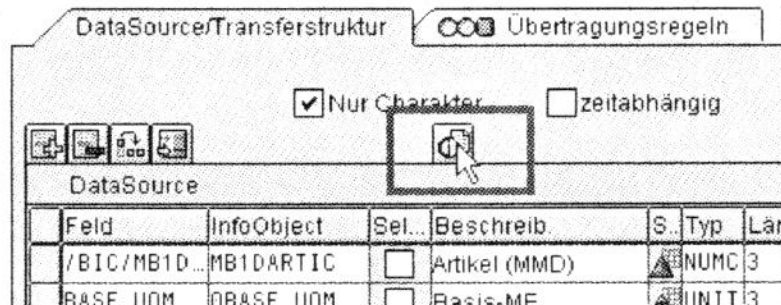

Abb.: Vorschau aktivieren (c) SAP AG

Zunächst müssen wir wieder die Parameter für die Vorschau festlegen.

1. Bei unserer Quelldatei handelt es sich um eine csv-Datei.
2. Als Dateinamen geben wir den Pfadnamen der Datei an, aus der die Daten hochgeladen werden sollen. Die Datei mit den Verkaufsdaten heißt „Salesdaten.csv".
3. Die erste Zeile unserer Datei enthält die Bezeichnungen der Spalten. Damit diese Kopfzeile nicht übertragen wird, müssen wir die Anzahl der zu ignorierenden Kopfzeilen mit "1" angeben.
4. Wir müssen zudem angeben, dass in unserer Quelldatei der Punkt als Tausendertrennzeichen sowie das Komma als Zeichen für den Dezimalpunkt verwendet wird.
5. Zudem schränken wir die Anzahl der Zeilen, die angezeigt werden sollen, ein.

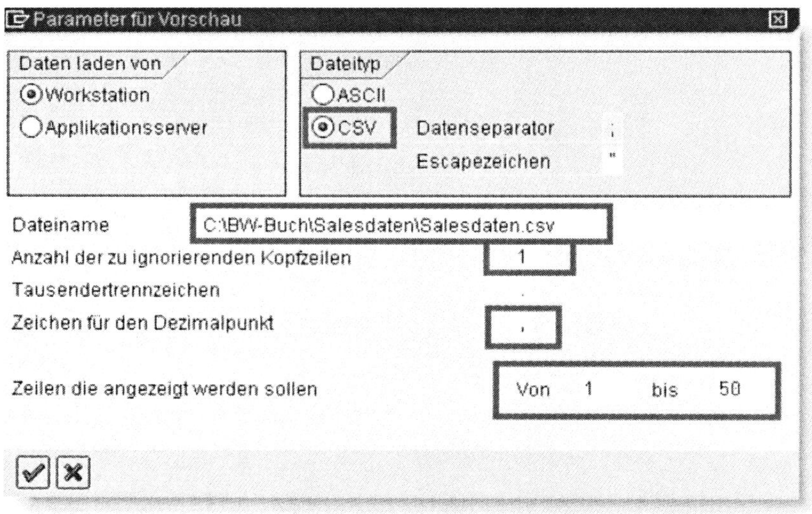

Abb.: Parameter der Vorschau (c) SAP AG

Nachdem alle Parameter eingestellt sind starten wir die Vorschau mit .

Vorschau für Datei-Upload

Satznr.	Verkaufsbü	Artikel	Vertriebsw	KalJahr/Mo	Verkaufsme	Basis-ME	Bruttoumsa	Währung	Rabatt
1	1010	001	02	200301	11	ST	30789.00	EUR	3078.90
2	1010	001	03	200301	12	ST	36946.80	EUR	1847.34
3	1010	001	05	200301	15	ST	44504.10	EUR	3115.29
4	1010	002	02	200301	18	ST	167022.00	EUR	16702.20
5	1010	002	03	200301	19	ST	193931.10	EUR	9696.56
6	1010	002	05	200301	13	ST	127864.62	EUR	8950.52
7	1010	003	02	200301	14	ST	110530.00	EUR	11053.00
8	1010	003	03	200301	12	ST	104214.00	EUR	5210.70
9	1010	003	05	200301	15	ST	125530.50	EUR	8787.14
10	1010	004	02	200301	14	ST	3066.00	EUR	306.60
11	1010	004	03	200301	10	ST	2409.00	EUR	120.45

Abb.: Blick auf die Bewegungsdaten über die Vorschau (c) SAP AG

Wie weiter? Wir verlassen die Vorschau und wollen im nächsten Schritt die Daten von der InfoSource in den InfoCube schreiben.

6.4 Von der InfoSource zum InfoCube

Im Folgenden wird das Laden der Bewegungsdaten in den InfoCube beschrieben.

6.4.1 Datenfluss definieren

Wir wollen nun die Bewegungsdaten in den InfoCube laden.

Fortschreibungsregeln Eine **Fortschreibungsregel** beschreibt die Transformation der Daten von der InfoSource zum InfoCube. Wir wenden uns zur Verdeutlichung dem Beispiel zu.

1. Schritt: Wir wählen dazu im Kontextmenü des InfoProviders Fortschreibungsregeln anlegen...

Abb.: Fortschreibungsregeln anlegen (c) SAP AG

InfoSource zuweisen

2. Schritt: Als Datenquelle geben wir unsere InfoSource MB1DS0001 für die Vertriebsdaten an und bestätigen mit Enter.

Das System informiert uns, dass zu bestimmten Kennzahlen des InfoCubes keine geeigneten Felder aus der InfoSource automatisch ermittelt werden konnten und diese Kennzahlen daher auf "keine Fortschreibung" gesetzt wurden.

Wir legen die Regeln mit  an.

Formel definieren

Nun bilden wir die Felder der InfoSource auf die Kennzahlen des InfoCubes ab.

3. Schritt: Für den "Preis/St. in Landeswährung" konnte das System keine geeigneten Felder aus der InfoSource ermitteln - deshalb die obige Meldung -, hierfür legen wir im Folgenden eine Formel an.

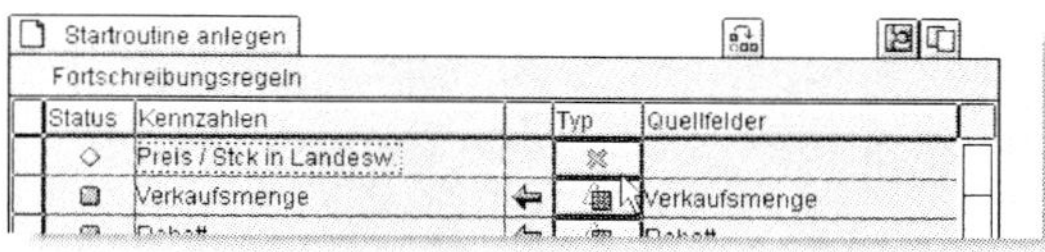

Abb.: Kennzahlen des InfoCubes abbilden (c) SAP AG

4. Schritt: Dazu wählen wir zunächst die Fortschreibungsart "Addition" und anschließend den Radiobutton Formel als Fortschreibungsmethode.

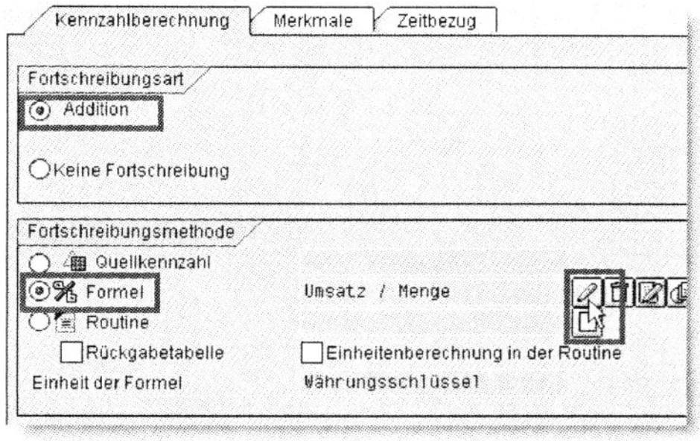

Abb.: Formel anlegen 1 (c) SAP AG

5. Schritt: Mit dem Icon  legen wir die Formel an und vergeben dabei die Beschreibung "Umsatz / Menge".

6. Schritt: Wir definieren nun die Kennzahl

Preis pro Stück in Landeswährung := IF(Verkaufsmenge <> 0, Bruttoumsatz / Verkaufsmenge, 0)

und kehren anschließend mit  zur Fortschreibung zurück.

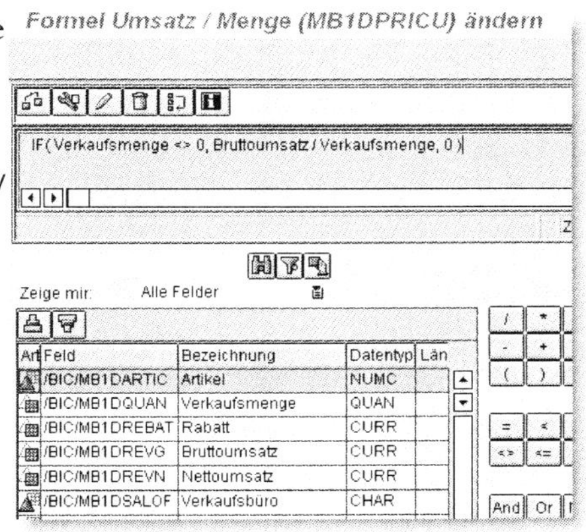

Abb.: Formel anlegen 3 (c) SAP AG

7. Schritt: Nun muss der Kennzahl Preis pro Stück in Landeswährung mitgeteilt werden, welche Einheit der angezeigten Kennzahl zugeordnet wird. In unserem Fall ist dies die gleiche Einheit, die dem InfoObject Bruttoumsatz zugeordnet wurde, nämlich 0CURRENCY.

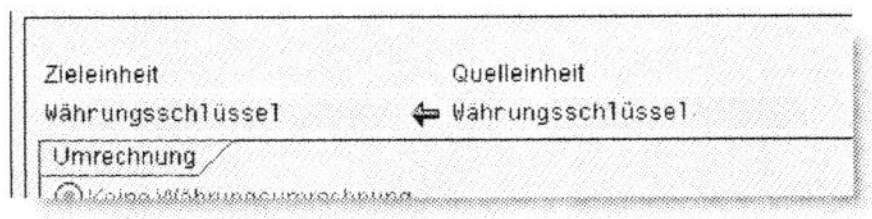

Abb.: Fortschreibungsmethode (c) SAP AG

Jetzt sehen wir, dass für die Kennzahl Preis/St. in Landeswährung die Fortschreibungsregel vom Typ Formel angelegt worden ist.

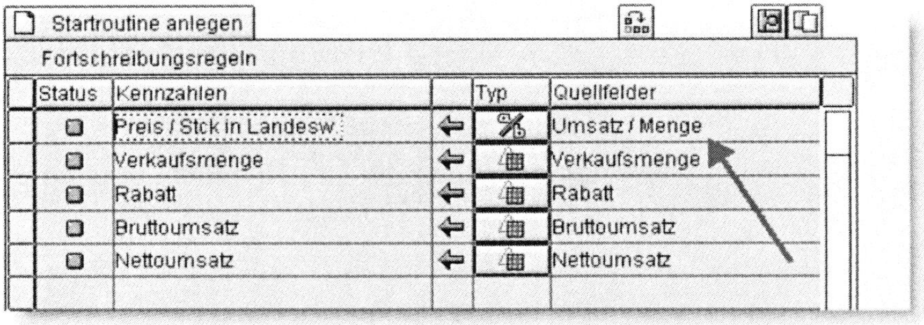

Abb.: Fortschreibungsregeln anlegen (c) SAP AG

Wir sichern die Fortschreibungsregeln und gelangen über Details zur Pflege der Merkmale.

Merkmale definieren

8. Schritt: Nun bilden wir die Felder der InfoSource auf die Merkmale des InfoCubes ab. Wie in der nächsten Abbildung zu sehen ist, werden die Felder der Kommunikationsstruktur der InfoSource ohne Veränderung auf die Merkmale des InfoCube abgebildet.

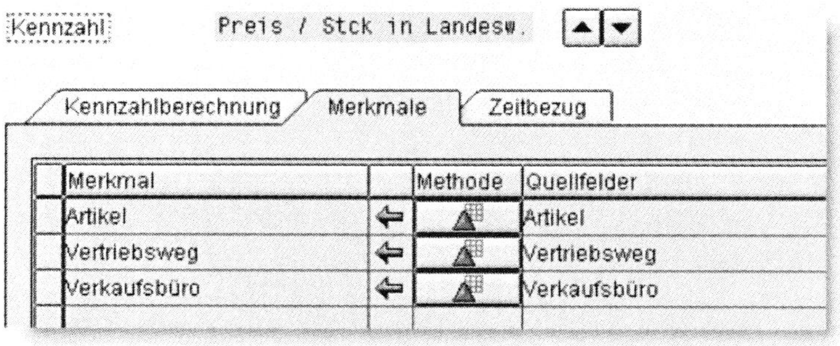

Abb.: Fortschreibungsregeln der Merkmale (c) SAP AG

Zeitmerkmale definieren

9. Schritt: Daraufhin bilden wir noch die Zeitmerkmale der InfoSource auf die Zeitmerkmale des InfoCubes ab. Wie wir der Abbildung entnehmen können, werden die Zeitmerkmale „Kalendermonat" und „Kalenderjahr" vom Merkmal der InfoSource (Quellfeld) „Kalenderjahr/Monat" automatisch durch Fortschreibungsregeln korrekt abgeleitet.

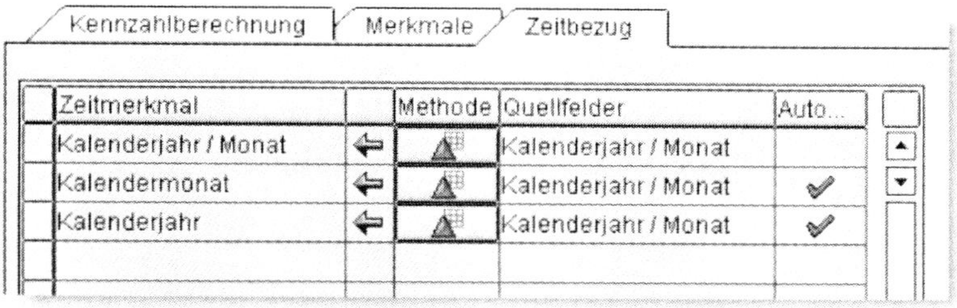

Abb.: Fortschreibungsregeln des Zeitbezugs (c) SAP AG

Fortschreibung generieren

Abschließend müssen wir die Programme erzeugen, durch welche die Daten aus der InfoSource in den InfoCube transferiert werden.

Dies erfolgt durch Aktivieren der Fortschreibungsregeln .

6.4.2 Daten aus der Datei in den InfoCube laden

Nachdem wir die Fortschreibungsregeln angelegt haben, wollen wir nun die Daten aus der csv-Datei in den InfoCube laden. Dazu wechseln wir in der Adminstrator Workbench in den Bereich "InfoSource" und legen zunächst ein InfoPackage für die Verkaufsdaten an.

1. Schritt: Wir rufen über das Kontextmenü der DataSource "PC_FILE" auf und wählen dort InfoPackage anlegen...

Abb.: InfoPackage anlegen (c) SAP AG

2. Schritt: Der technische Name wird vom System automatisch ermittelt. Wir geben dem InfoPackage die Bezeichnung "Verkaufsdaten laden" und sichern im Anschluss.

3. Schritt: Für die Vorschau legen wir wieder die Parameter fest.

1. Als Dateinamen geben wir den Pfadnamen der Datei an, aus der die Daten

hochgeladen werden sollen. Die Datei mit den Verkaufsdaten heißt "Salesdaten.csv".
2. Bei unserer Quelldatei handelt es sich um eine csv-Datei.
3. Wir müssen zudem angeben, dass in unserer Quelldatei der Punkt als Tausendertrennzeichen sowie das Komma als Zeichen für den Dezimalpunkt verwendet wird.
4. Die erste Zeile unserer Datei enthält die Bezeichnungen der Spalten. Damit diese Kopfzeile nicht übertragen wird, müssen wir die Anzahl der zu ignorierenden Kopfzeilen mit "1" angeben.

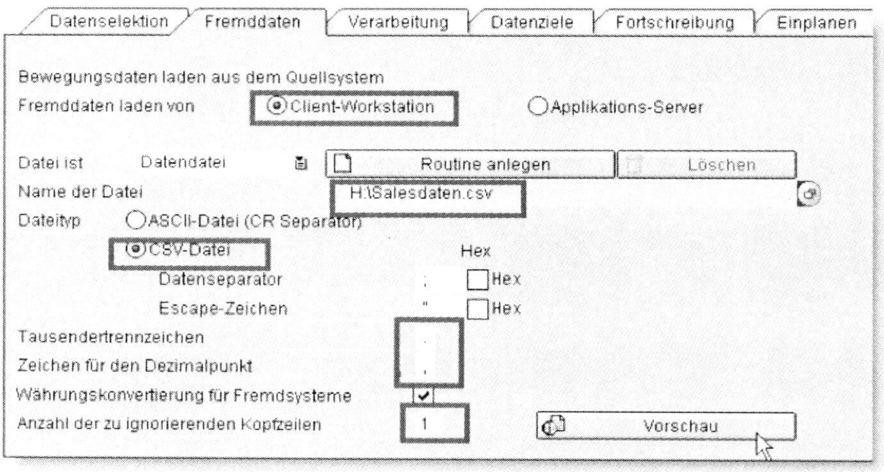

Abb.: Fremddaten beschreiben (c) SAP AG

4. Schritt: Im Register "Verarbeitung" ist zunächst vom System das Feld "PSA und danach Datenziele" markiert. Wir möchten die Daten aber zunächst nur in den Eingangsbereich des Data Warehouses, die so genannte Persistant Staging Area (PSA), verbuchen und setzen daher den Radiobutton auf "Nur PSA".

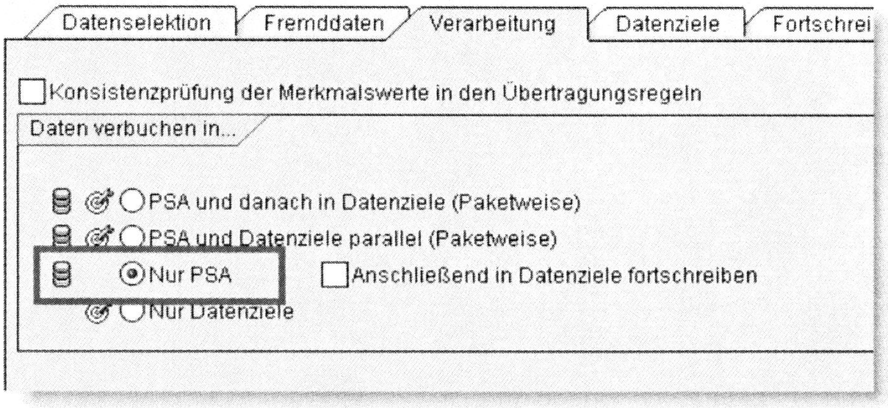

Abb.: Verbuchung der Daten in die Persistant Staging Area (c) SAP AG

5. Schritt: Im Register Datenziele erkennen wir nun unseren InfoCube. Wir übernehmen hier den Vorschlag, die Daten in alle Datenziele fortzuschreiben, für die aktive Regeln existieren.

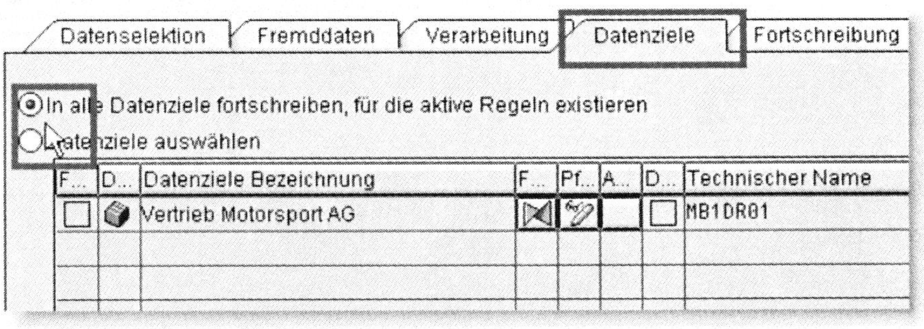

Abb.: Datenziele (c) SAP AG

Hinweis:
Der InfoCube wird nicht angezeigt? Dies ist der Fall, wenn die Fortschreibungsregeln fehlen oder nicht aktiv sind.
6. Schritt: Schließlich starten wir im Register Einplanen den Ladeprozess mit 

.

6.4.3 Monitoring des Ladeprozesses

Schritt 1: Nun rufen wir den Monitor auf. Dort lassen wir uns den Status anzeigen und erkennen, dass unser Request erfolgreich in der Persistant Staging Area (PSA) des Datenbeschaffungsbereichs angekommen ist.

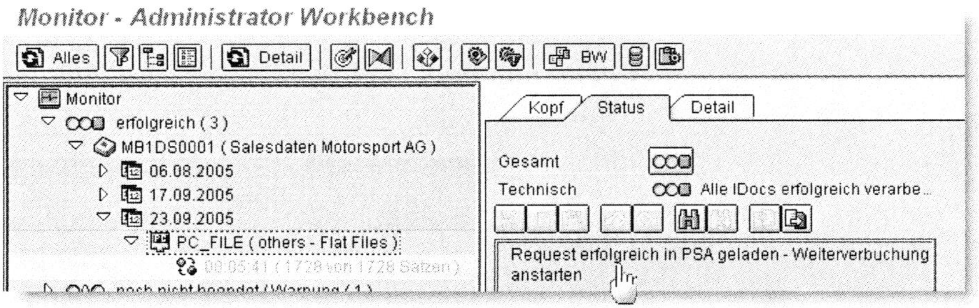

Abb.: Monitoring - Request in PSA geladen (c) SAP AG

Im Register Detail können wir und die einzelnen Verarbeitungsschritte anzeigen lassen.

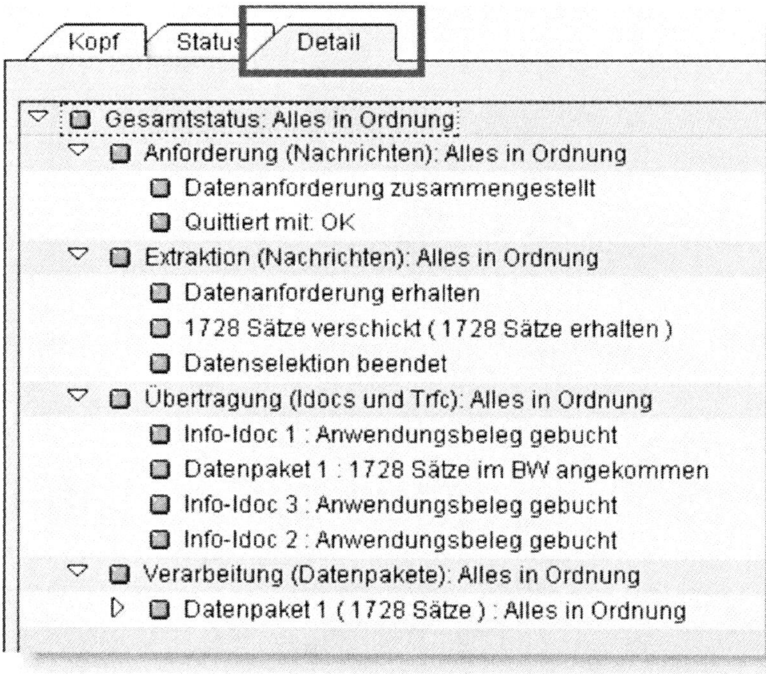

Abb.: Register Detail mit den Verarbeitungsschritten (c) SAP AG

Schritt 2: Als Kontrolle können wir an dieser Stelle mit direkt in die Ansicht der PSA verzweigen. Von den geladenen Datensätzen lassen wir uns im Folgenden nur 10 Sätze anzeigen.

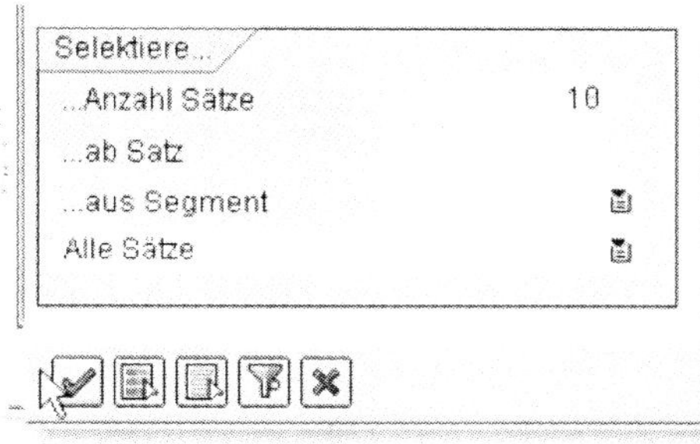

Abb.: Datensätze der PSA anzeigen (c) SAP AG

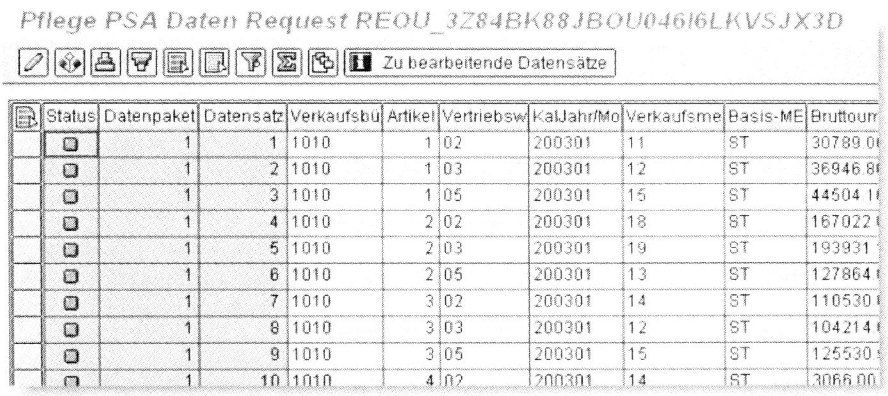

Pflege PSA Daten Request REOU_3Z84BK88JBOU046I6LKVSJX3D

Zu bearbeitende Datensätze

Status	Datenpaket	Datensatz	Verkaufsbü	Artikel	Vertriebsw	KalJahr/Mo	Verkaufsme	Basis-ME	Bruttoum
	1	1	1010	1	02	200301	11	ST	30789.0
	1	2	1010	1	03	200301	12	ST	36946.8
	1	3	1010	1	05	200301	15	ST	44504.1
	1	4	1010	2	02	200301	18	ST	167022
	1	5	1010	2	03	200301	19	ST	193931.
	1	6	1010	2	05	200301	13	ST	127864.
	1	7	1010	3	02	200301	14	ST	110530.
	1	8	1010	3	03	200301	12	ST	104214.
	1	9	1010	3	05	200301	15	ST	125530.
	1	10	1010	4	02	200301	14	ST	3066.00

Abb.: Daten der PSA (c) SAP AG

Schritt 3: Wir kehren mit wieder in den Monitor zurück und buchen dort anschließend die Daten manuell in den InfoCube ein.

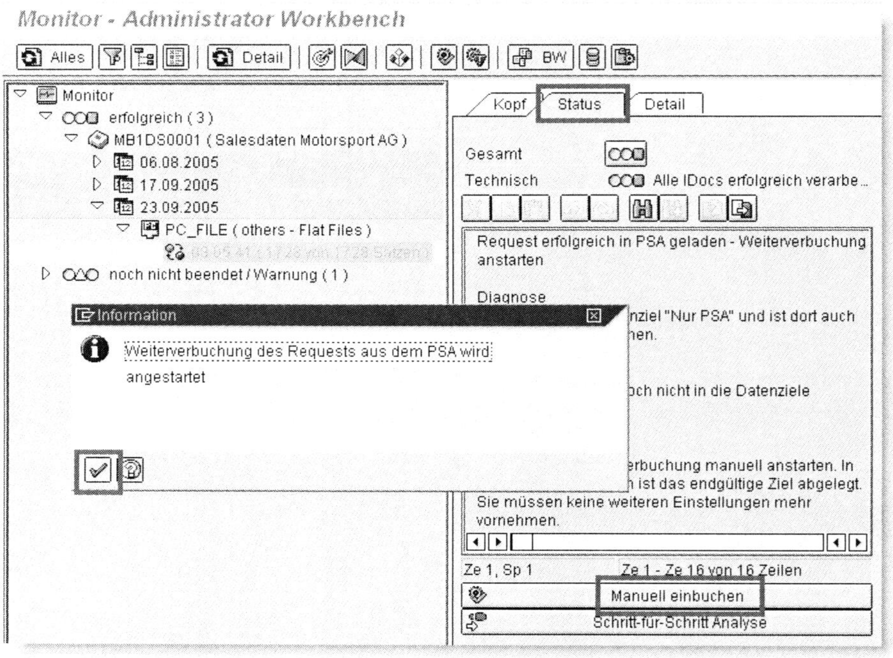

Abb.: Daten manuell in den InfoCube einbuchen (c) SAP AG

Wir aktualisieren schließlich die Anzeige  und erkennen in der Statusanzeige, dass die Daten erfolgreich verbucht wurden.

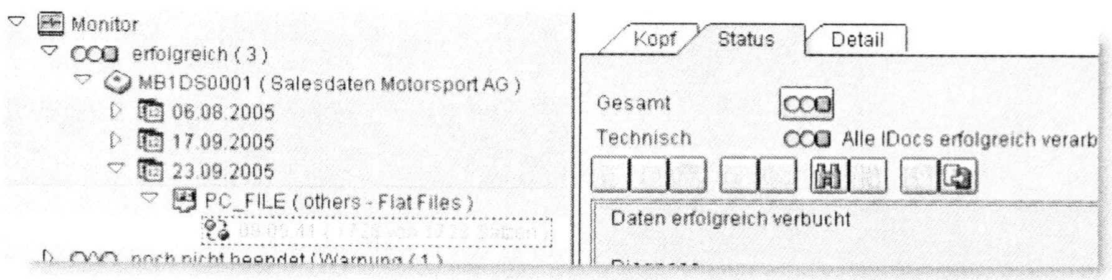

Abb.: Monitor Statusanzeige nach erfolgreicher Verbuchung (c) SAP AG

Wir verlassen die Transaktion mit .

6.4.4 Daten im InfoCube anzeigen

Als nächstes möchten wir uns nun die Daten direkt im InfoCube anzeigen lassen.

1. Schritt: Wir rufen über das Kontextmenü des InfoCubes Administrieren auf, um die Daten direkt im InfoCube verifizieren zu können.

Abb.: Administrieren des InfoCubes (c) SAP AG

2. Schritt: Im Register "Requests" sehen wir das gerade eben verbuchte Datenpaket (Request) mit dem Status 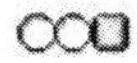.

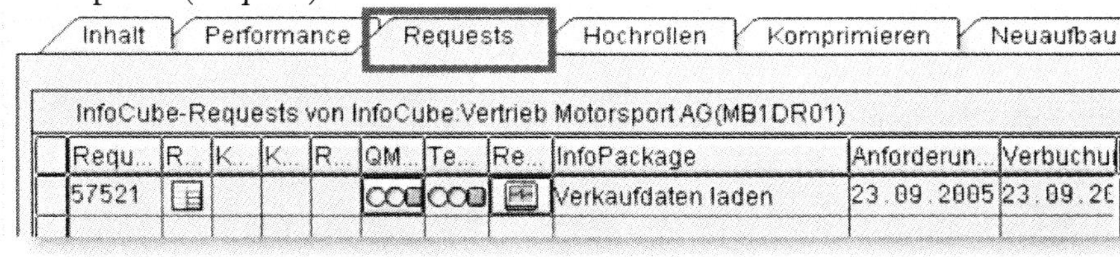

Abb.: Administrieren der Datenziele- Request (c) SAP AG

Das Icon  besagt, dass der Request für das Reporting verfügbar ist, die Daten also in den späteren Berichten angezeigt werden. In einem Fehlerfall werden die Daten zwar in den InfoCube eingebucht (und können dort angeschaut und kontrolliert werden), die Daten sind aber in einem inkonsistenten Zustand und werden deshalb im Reporting nicht angezeigt. Der Status des Requests wechselt in diesem Fall auf  oder .

Merke:
Auch alle weiteren Request werden solange mit dem Status  versehen und stehen nicht für das Reporting zur Verfügung, bis das fehlerhafte Datenpaket kontrolliert und ggf. korrigiert wurde.

3. Schritt: Die Daten des InfoCubes können wir uns im Register "Inhalt" über InfoCube-Inhalt direkt anzeigen lassen 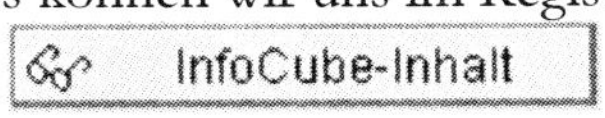

Im Folgenden können wir Einschränkungen zur Selektion vornehmen. Beispielsweise könnten wir die Werte der Verkaufsbüros einschränken oder nur Daten einer bestimmten Zeitspanne auswählen. Darauf verzichten wir aber und wählen den Button "Feldauswahl zur Ausgabe".

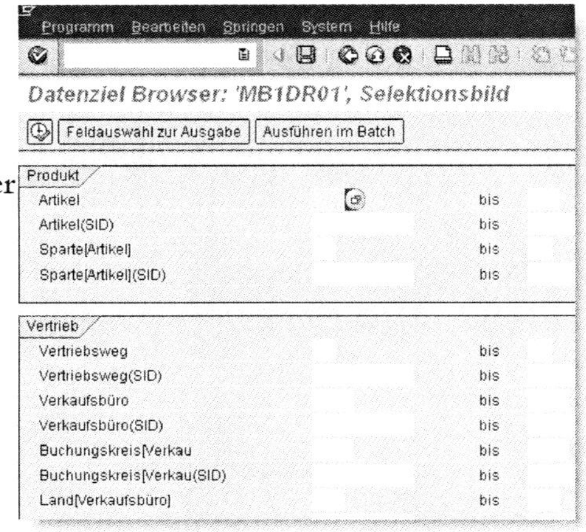

Abb.: Selektionsbild für Daten des InfoCubes (c) SAP AG

Im unteren Bereich der Bildschirmmaske können weitere Parameter für die Datenselektion ausgewählt werden. Wir beachten, dass die Trefferzahl eingeschränkt ist.

Hinweis: Durch den Parameter DB-Aggregation nutzen können die Datensätze verdichtet (meistens summiert) werden. Falls dieser Parameter nicht markiert ist, so werden die einzelnen Datensätze angezeigt.

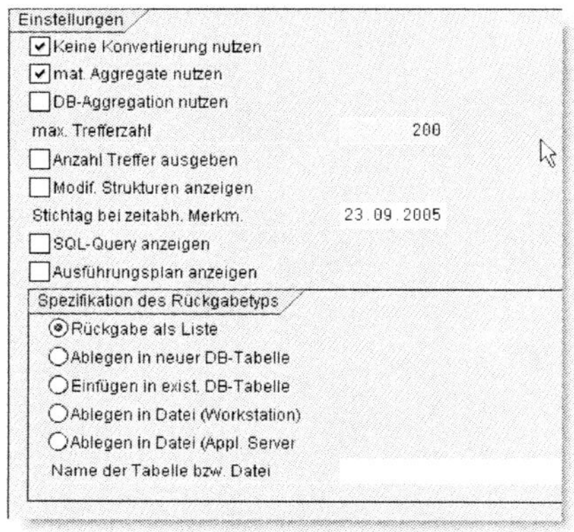

Abb.: Parametrisierung der Selektion (c) SAP AG

Es werden standardmäßig nur die Werte der Kennzahlen des InfoCubes angezeigt. Da uns aber auch die Merkmalswerte interessieren, wählen wir im Folgenden "Alles markieren".

Wir starten die Datenselektion durch das Ikon [Ikon] und bekommen den Inhalt des InfoCubes angezeigt. An dieser Stelle haben wir dann die Möglichkeit, alle Werte der Merkmale und Kennzahlen zu verifizieren.

Abb.: Felder zur Ausgabe auswählen (c) SAP AG

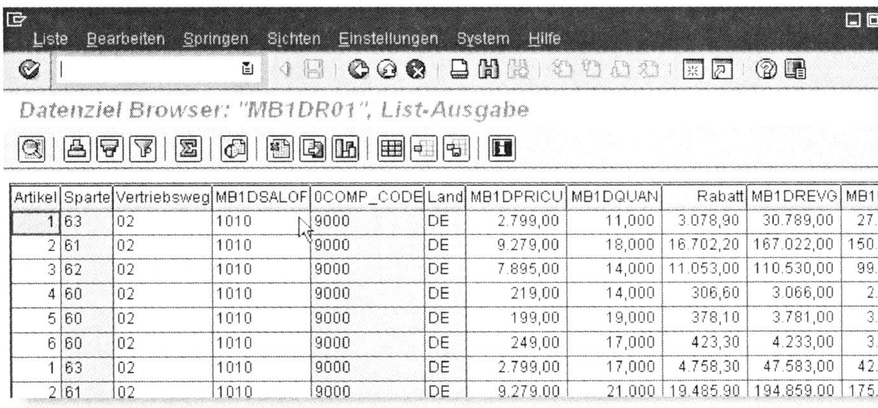

Artikel	Sparte	Vertriebsweg	MB1DSALOF	0COMP_CODE	Land	MB1DPRICU	MB1DQUAN	Rabatt	MB1DREVG	MB1[
1	63	02	1010	9000	DE	2.799,00	11,000	3.078,90	30.789,00	27.
2	61	02	1010	9000	DE	9.279,00	18,000	16.702,20	167.022,00	150.
3	62	02	1010	9000	DE	7.895,00	14,000	11.053,00	110.530,00	99.
4	60	02	1010	9000	DE	219,00	14,000	306,60	3.066,00	2.
5	60	02	1010	9000	DE	199,00	19,000	378,10	3.781,00	3.
6	60	02	1010	9000	DE	249,00	17,000	423,30	4.233,00	3.
1	63	02	1010	9000	DE	2.799,00	17,000	4.758,30	47.583,00	42.
2	61	02	1010	9000	DE	9.279,00	21,000	19.485,90	194.859,00	175.

Abb.: InfoCube-Inhalt ausgeben (c) SAP AG

6.4.5 Datenfluss anzeigen

Am Ende dieses Kapitels angelangt, lassen wir uns den gesamten Datenfluss der Bewegungsdaten über die Funktion "Datenfluss anzeigen" im Kontextmenü des InfoCubes in einer graphischen Übersicht anzeigen.

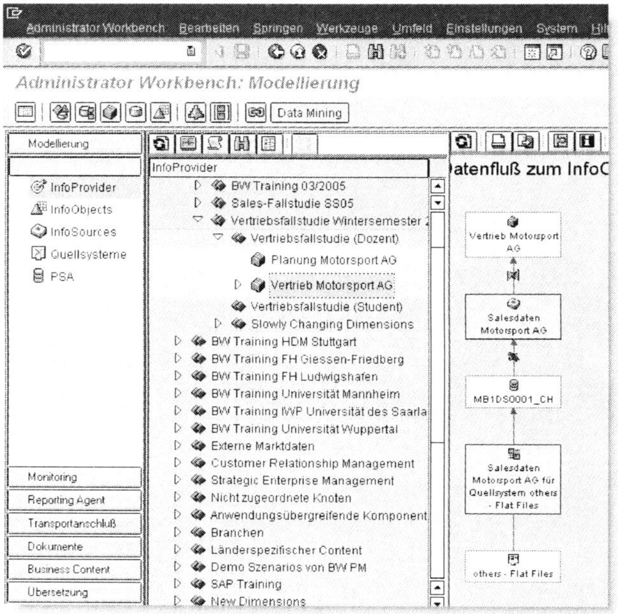

Abb.: Gesamten Datenfluss der Bewegungsdaten anzeigen (c) SAP AG

6.5 Vom InfoCube zur Datenanalyse

Nachfolgend werden nun die Erstellung einer Query (Abfrage) auf den InfoCube sowie die Navigationsmöglichkeiten innerhalb eines Berichts beschrieben.

6.5.1 SAP BI Business Exporer

Der **SAP BI Business Explorer (BEx)** ist die Komponente des SAP Business Information Warehouse, die flexible Reporting- und Analysewerkzeuge zur strategischen Analyse und Unterstützung von Entscheidungen im Unternehmen zur Verfügung stellt. Zu diesen Werkzeugen gehören Query-, Reporting- und Analyse-Funktionen. Als zugriffsberechtigter Mitarbeiter können wir historische wie aktuelle Daten in unterschiedlichen Detaillierungsstufen und aus unterschiedlicher Perspektive auswerten, sowohl über das Web, als auch in MS Excel.

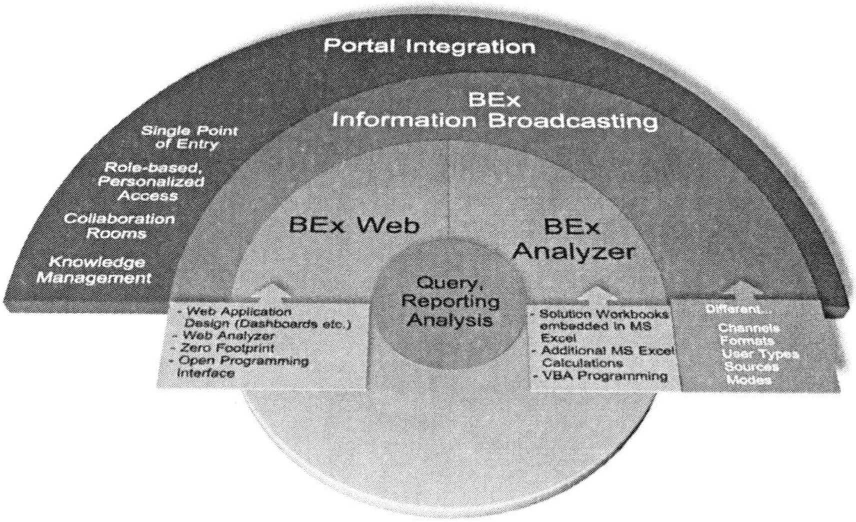

Abb.: SAP BI Business Explorer (c) SAP AG

Der Business Explorer besteht aus 3 Komponenten:

- der **BEx Analyzer** ermöglicht den Zugriff und die Analyse der Daten im SAP BW aus MS-Excel heraus
- durch **BEx Web** wird es ermöglicht, die OLAP-Navigation im Web einzusetzen sowie Management Cockpits zu erstellen
- mit dem **BEx Information Broadcasting** können Business-Intelligence-Inhalte aus dem SAP BW als vorberechnete Dokumente mit historischen Daten oder als Links mit Live-Daten per E-Mail verteilt oder in das Enterprise Portal publiziert werden.

Die Integration der Bereiche ist nahtlos: Queries aus dem BEx Analyzer können mit einem Klick in einer Standardsicht im Web Browser angezeigt werden. Umgekehrt ist es möglich, eine Web Application nach MS Excel zu exportieren.

6.5.2 SAP BI Business Exporer Analyzer

Eine Query ist eine Abfrage gegen die Datenstruktur des InfoCubes. Der BEx Analyzer beinhaltet eine Reihe von Werkzeugen, mit denen der Anwender mit Hilfe einer grafischen Benutzeroberfläche die Objekte des InfoCubes frei kombinieren kann. Der eigentliche (technische) Zugriff auf die Datenbank bleibt dabei für den Anwender verborgen.

Aufruf des BEx Analyser

Der BEx Query Designer ist Bestandteil des **BEx Analyzer.**

1. Schritt: Wir starten zunächst den BEx Analyzer aus dem MS-Windows Startmenü unter dem Eintrag Business Explorer.

Möglicherweise erscheint die Sicherheitsmeldung von MS-Excel, dass Makros Viren enthalten können. Wir vertrauen der SAP und aktivieren die Makros mit Makros aktivieren.

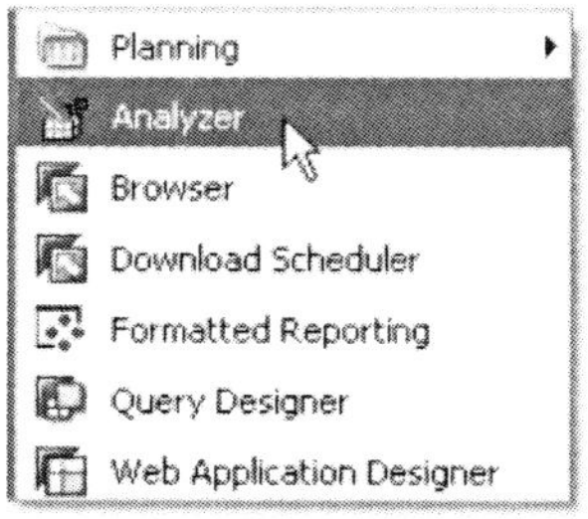

Abb.: BEx Analyser starten (c) SAP AG

Es erscheint das MS-Excel Add-In für den SAP Business Explorer Analyzer.

Abb.: BEx Analyzer MS-Excel Add-In (c) SAP AG

Hinweis: Der BEx Analyzer kann auch aus der Administrator Workbench des SAP BW heraus direkt gestartet werden. Man startet dazu im SAP Menü die Transaktion rrmx.

Für die Entwickler der BW-Anwendungen ist dies ganz praktisch; die Endanwender verwenden den Aufruf über das MS-Windows-Menü.

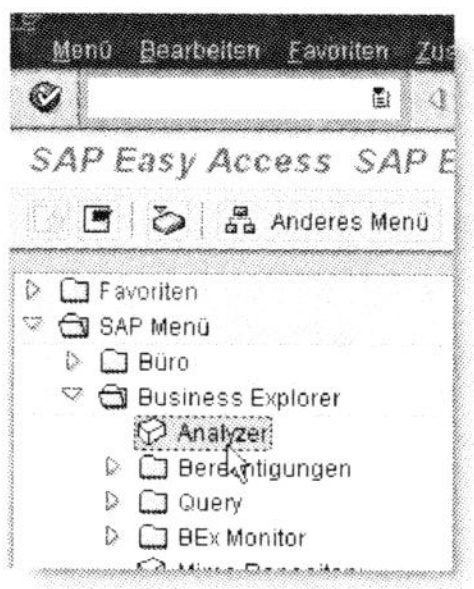

Abb.: BEx Analyser aus der SAP BW Workbench starten (c) SAP AG

2. Schritt: Im BEx Analyzer rufen wir dann den Menüpunkt Queries auf, da wir nun eine erste Query erstellen wollen.

Anschließend melden wir uns am System an.

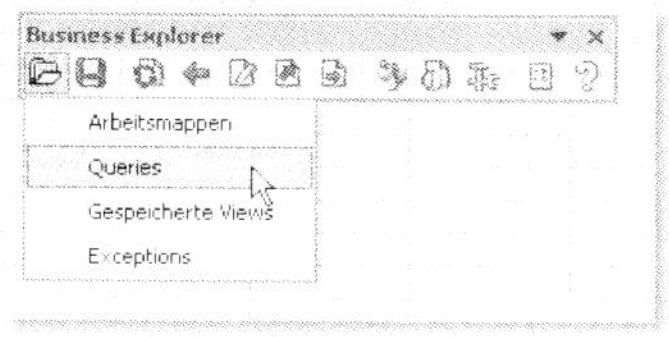

Abb.: Query aufrufen (c) SAP AG

InfoProvider für Query auswählen

3. Schritt: Nun wählen wir im BEx Analyzer: Query auswählen "Neu" .

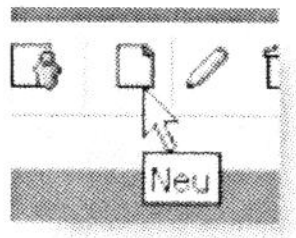

Abb.: Neue Query erstellen (c) SAP AG

Es erscheint der Query Designer mit der Übersicht aller InfoAreas, in denen die InfoProvider abgelegt sind, für deren Zugriff wir berechtigt sind.

4. Schritt: Wir markieren unseren InfoCube [3] in der entsprechenden InfoArea [1]. Den technischen Namen unseres InfoCubes lassen wir uns zur Sicherheit anzeigen [2]. Wir bestätigen unsere Auswahl schließlich mit OK [4].

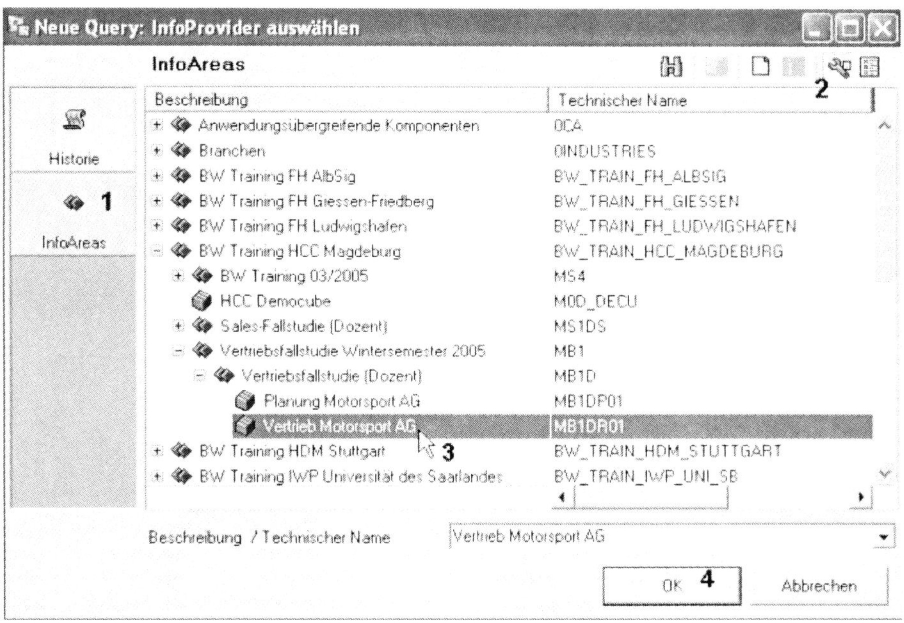

Abb.: InfoProvider auswählen (c) SAP AG

Aufruf des BEx Query Designer

Unser InfoCube "Vertrieb Motorsport AG" wird im Query Designer wie folgt dargestellt. Durch Klicken auf die Plus- bzw. Minussymbole können die Kennzahlen bzw. Merkmale der Dimensionen angezeigt werden.

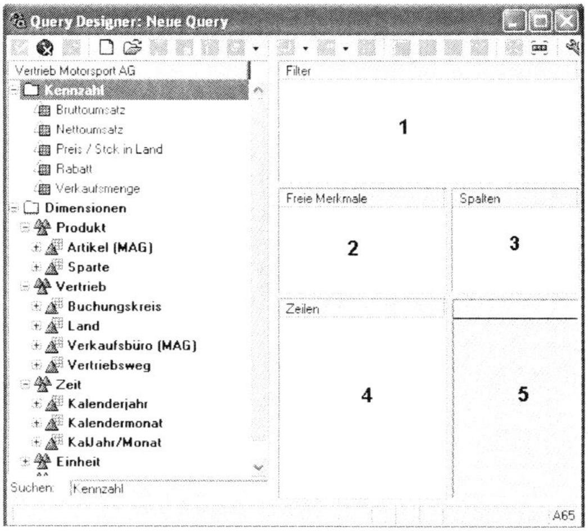

Abb.: Query Designer (c) SAP AG

In der rechten Hälfte des Query Designers befinden sich fünf Bereiche. In die Bereiche Zeilen [4] und Spalten [3] werden die Kennzahlen und Merkmale durch Drag & Drop übernommen, wie sie später in der Excel-Arbeitsmappe dargestellt werden sollen. Der Bereich [5] zeigt dann eine Vorschau. In den Bereich "freie Merkmale" [2] werden all diejenigen Merkmale übernommen, die nach dem Ausführen der Query erst einmal nicht angezeigt werden sollen. Diese "freien" Merkmale können später zur Navigation verwendet werden. Im oberen Bereich "Filter" [1] können bestimmte Merkmale eingeschränkt werden, z.B. das Merkmal Land auf "Deutschland".

Funktionen des BEx Query Designer

Bevor wir mit dem Erstellen der Query fortfahren, möchten wir anhand der folgenden Abbildung einen Überblick über die einzelnen Funktionen des BEx Query Designers geben. Einige davon werden im Verlauf dieses Kapitels noch näher betrachtet. Eine detaillierte Beschreibung findet sich in der Online-Hilfe.

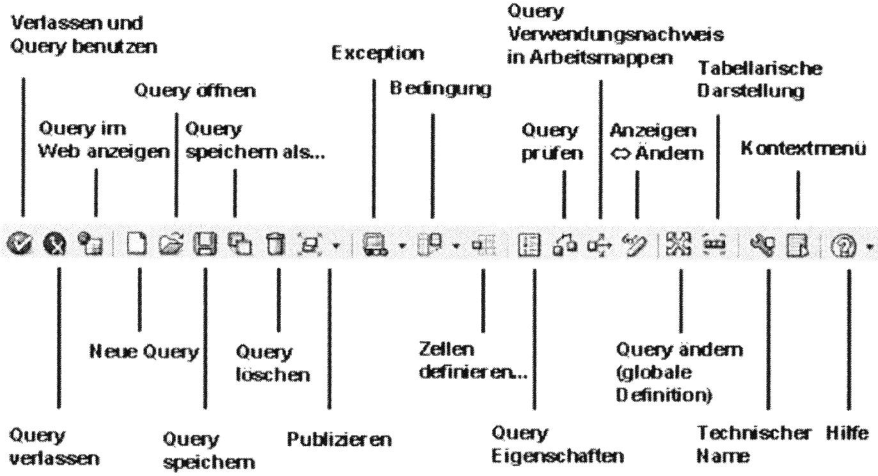

Abb.: Funktionen des BEx Query Designer (c) SAP AG

6.5.3 Query erstellen

Wir wollen nun eine erste Query erstellen und gehen von folgendem Szenario aus:

Szenario:
Herr Stöhr, der Vertriebsleiter Deutschland, benötigt eine Darstellung der umsatzstärksten Verkaufsbüros des Jahres 2004. Diese Darstellung sollte nach Ländern und Verkaufsbüros geordnet sein. Außerdem möchte er die Möglichkeit haben, einen Aufriss nach den Merkmalen Artikel und Sparte durchführen zu können.

Query erstellen

Im BEx Query Designer beginnen wir nun mit dem Aufbau des Berichts.

Schritt 1: Wir übernehmen die Kennzahlen "Bruttoumsatz", "Rabatt", "Nettoumsatz" sowie "Verkaufsmenge" in die Spalten und die Merkmale "Land" sowie "Verkaufsbüro " in die Zeilen.

Schritt 2: Zusätzlich wählen wir die Merkmale Sparte und Artikel als "freie Merkmale", die später in der Excel-Arbeitsmappe dann zur Navigation verwendet werden können.

Schritt 3: Außerdem beschränken wir mit Hilfe des Filters das Kalenderjahr auf die Werte aus dem Jahr 2004. Dazu ziehen wir das Merkmal Kalenderjahr in den Bereich Filter und wählen dort im Kontextmenü (rechte Maustaste) Einschränken. Anschließend selektieren wir den Festwert "2004" und bestätigen mit OK.

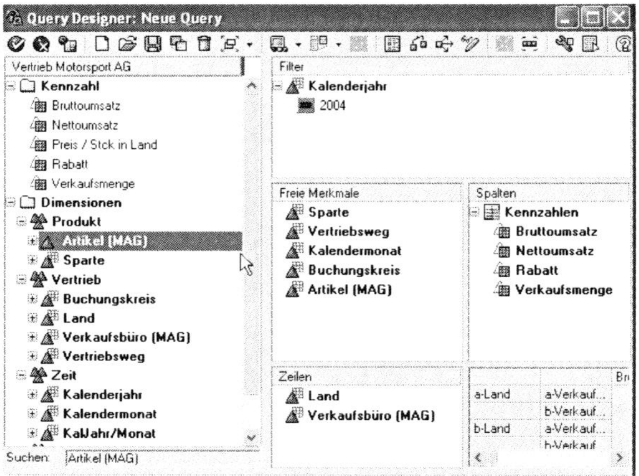

Abb.: Neue Query erstellen (c) SAP AG

Query speichern

4. Schritt: Wir speichern unsere Query und vergeben den technischen Namen MB1D001 sowie die Bezeichnung "Umsätze nach Land und Verkaufsbüro".

Query ausführen

5. Schritt: Daraufhin führen wir die Query mit aus und bekommen das Ergebnis eingebettet in einer Excel-Arbeitsmappe angezeigt.

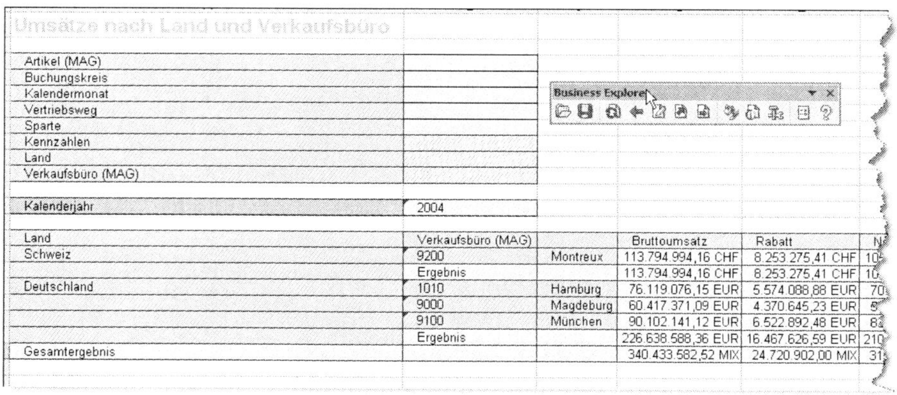

Abb.: Excel - Arbeitsmappe "Umsätze nach Land und Verkaufsbüro" (c) SAP AG

Query Eigenschaften

6. Schritt: Wir erkennen, dass die Spaltenbreite für das Land an die Überschrift der Arbeitsmappe angepasst wurden. Diese Eigenschaften können wir über den Menüpunkt "OLAP- Funktionen für aktive Zelle" ändern.

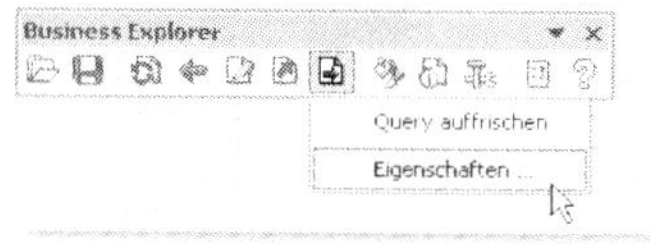

Abb.: Eigenschaften von Arbeitsmappen aufrufen (c) SAP AG

7. Schritt: In den Eigenschaften kann im Register "Spaltenbreite" festgelegt werden, dass die Zellbereiche nach dem Auffrischen der Daten an die Länge der Werte automatisch angepasst werden. Dazu wählen wir den Radiobutton "Anpassen an Resultatsbereich".

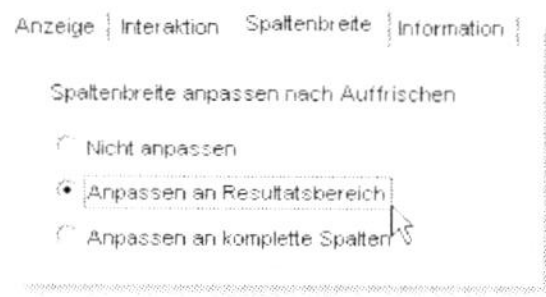

Abb.: Spaltenbreite an Resultatsbereich anpassen (c) SAP AG

Wir aktualisieren die Query durch [Symbol] und freuen uns, dass die Breite der ersten Spalte an den Resultatsbereich angepasst wurde. Weiterhin stellen wir fest, dass die Queryresultate unterschiedliche Währung beinhalten. Dies wird durch den Eintrag MIX in den Zellen angezeigt, worauf wir später noch einmal zurückkommen werden.

6.5.4 Query ändern

Die Anforderungen an Berichte ändern sich häufig im Laufe der Zeit. Queries müssen dann abgeändert werden, um sie den neuen Anforderungen anzupassen.

Query direkt ändern

Die Definition einer Query kann direkt aus einem Bericht über den BEx Analyzer geändert werden.

Dabei stehen uns zwei Möglichkeiten zur Auswahl:

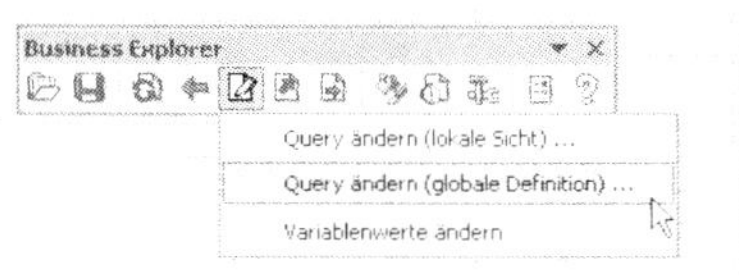

Abb.: Query ändern aus der Arbeitsmappe heraus (c) SAP AG

- **Query ändern (lokale Sicht):** hier kann die Anordnung von Kennzahlen und Merkmalen in den Spalten und Zeilen der aktuellen Arbeitsmappe unabhängig von Berechtigungen geändert werden.

- **Query ändern (globale Definition):** hier wird die Definition der Query in allen Arbeitsmappen geändert. Änderungen betreffen somit alle Objekte, welche die Query benutzen. Hierfür sind spezielle Berechtigungen erforderlich.

Wir wählen "Query ändern (globale Definition)" und erreichen wiederum den BEx Query Designer.

Exkurs: Suchen einer Query

Die Queries können direkt nach dem Anmelden im BEx Analyzer geändert werden. Wie findet man nun eine erstellte Query?

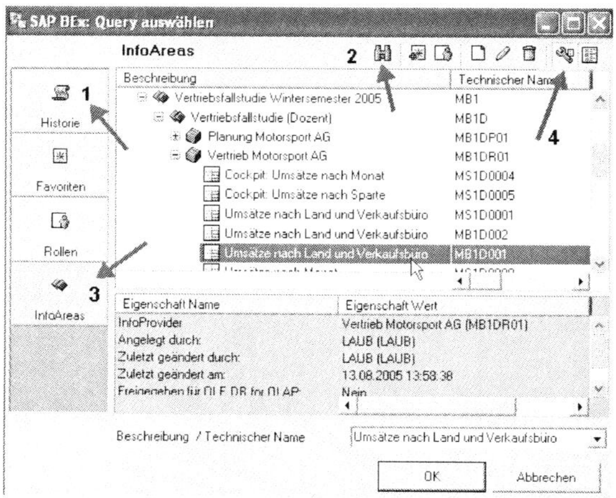

Abb.: Query auswählen (c) SAP AG

1. Möglichkeit: Im Eingangsmenü "SAP BEx: Query auswählen" wählen wir zunächst die zu ändernde Query aus. Die gesuchte Query können wir über die Historie [1] ermitteln. Dort werden die zuletzt erstellten Queries der Reihe nach aufgelistet.

2. Möglichkeit: Mit Hilfe der Suche [2] lassen sich Queries nach ihrem technischen Namen oder ihrer Beschreibung suchen und finden.

3. Möglichkeit: Darüber hinaus findet man die Query im Bereich InfoArea [3] unter dem jeweiligen InfoProvider, zu dem die Query definiert wurde. In unserem Fall wurde die Query zum InfoCube "Vertrieb Motorsport AG" definiert und ist folglich auch dort zu finden.

Mit Hilfe der beiden Buttons  können wir uns, wie in der Abbildung [4] zu sehen, zusätzlich zu den Beschreibungen noch die technischen Namen sowie die Eigenschaften anzeigen lassen.

6.5.5 Eigenschaften von Objekten ändern

Eine Query wird aus Kennzahlen und Merkmalen aufgebaut. Für die Darstellung dieser Objekte in einem Bericht können unterschiedlichste Formatierungen angewendet werden. Die Default-Eigenschaften für die Darstellung der Werte im Business Explorer werden beim Anlegen eines InfoObjects festgelegt und können vom Endanwender bei der Querydefinition verändert werden.

Eigenschaften von Merkmalen

Über das Kontextmenü lassen sich zu den einzelnen Merkmalen Eigenschaften festlegen.

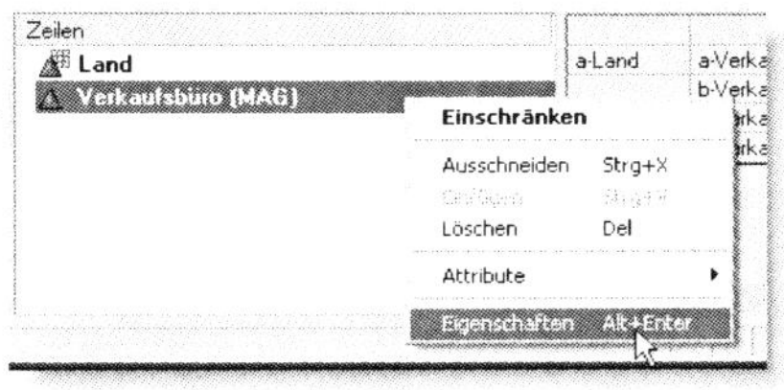

Abb.: Eigenschaften von Merkmalen ändern 1 (c) SAP AG

Wir wollen nun die Anzeigeeigenschaften des Merkmals Verkaufsbüro ändern. Uns stört, dass sowohl die Schlüssel als auch die Texte im Bericht angezeigt werden.

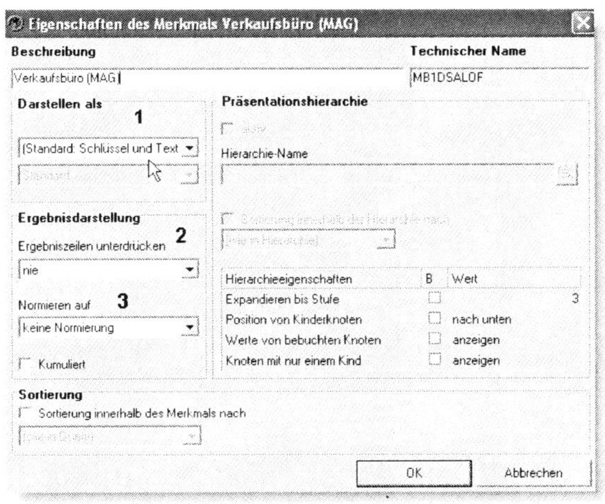

Abb.: Eigenschaften von Merkmalen ändern 2 (c) SAP AG

[1] Darstellen als: Hier können wir festlegen, in welcher Form die einzelnen Merkmalswerte angezeigt werden. Wir haben die Wahl zwischen "Text", "Schlüssel" und "Schlüssel und Text".

1. Schritt: Wir lassen uns das Merkmal Verkaufsbüro als Text darstellen.

[2] Ergebnisdarstellung: Mit dieser Funktion kann das Erscheinungsbild der Merkmale in den Berichten verändert werden. Wir können zunächst festlegen, ob die Ergebniszeilen immer, nie oder bei nur einem Wert unterdrückt werden sollen. Bei der **Normierung** werden Kennzahlen in prozentualer Darstellung in Bezug auf das gewählte Ergebnis angezeigt. Dies kann das Query-Ergebnis, ein Teilergebnis oder das Gesamtergebnis sein.

2. Schritt: Wir übernehmen zunächst die Einstellungen
- Ergebniszeilen unterdrücken: nie
- Normierung auf: keine Normierung

[3] Sortierung: Hier können wir zudem eine Sortierung innerhalb des Merkmals festlegen. Die Sortierung kann nach Text oder Schlüssel jeweils aufsteigend oder absteigend erfolgen.

3. Schritt: Wir wählen als Sortierung Verkaufsbüro nach Text aufsteigend.

4. Schritt: Wir lassen uns auch das Merkmal Land als Text darstellen.

Eigenschaften von Kennzahlen

Auch für die Kennzahlen lassen sich über das Kontextmenü Eigenschaften festlegen (vgl. nächste Abbildung).

[1] Darstellung: Eine Kennzahl kann im Bericht hervorgehoben dargestellt werden. Zudem ist es möglich, Kennzahlen, die nur zur Berechnung von Formeln benötigt werden, auszublenden, damit sie nicht in der Auswertung erscheinen.

[2] Zahldarstellung: Hier kann für die Kennzahl ein Skalierungsfaktor festgelegt werden, die Anzahl der Dezimalstellen bestimmt sowie die Vorzeichenumkehr markiert werden.

[3] Berechnungen: Mit dieser Funktion können Resultate oder Einzelwerte nach bestimmten Kriterien neu berechnet werden.

[4] Währungsumrechnung: In diesem Abschnitt können wir eine Umrechnungsart festlegen oder eine Zielwährung einstellen.

5. Schritt: Um in unserem Bericht die Umsätze der Verkaufsbüros in Deutschland und der Schweiz besser vergleichen zu können, legen wir für Bruttoumsatz als Umrechnungsart TO_EURO fest.

6. Schritt: wir speichern die Query und führen sie erneut aus .

Abb.: Eigenschaften von Kennzahlen (c) SAP AG

Textelemente anzeigen

6. Schritt: Über den Menüpfad Layout --> Textelemente anzeigen --> alle im Menü des Business Explorers lassen wir uns noch Informationen über Autor, InfoProvider, Aktualität der Daten etc. anzeigen.

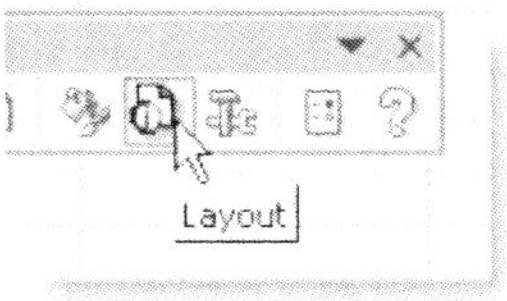

Abb.: Layout des Berichts ändern (c) SAP AG

Nachdem wir alle Einstellungen vorgenommen haben sieht unsere Arbeitsmappe wie folgt aus.

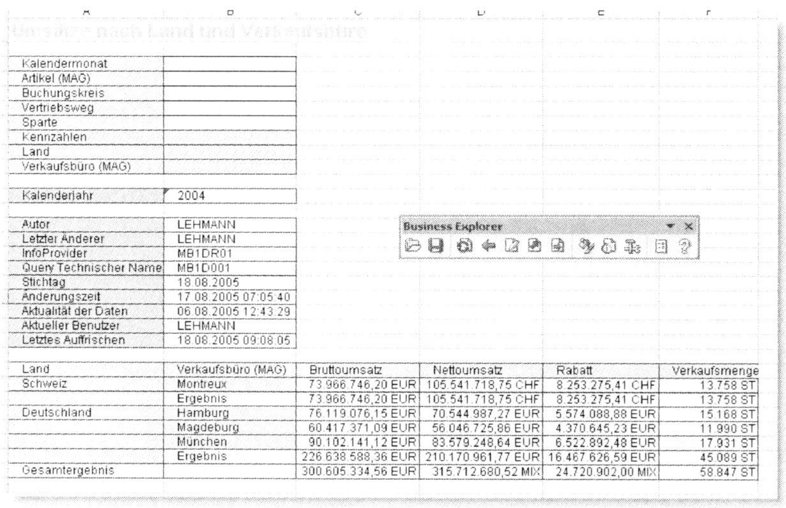

Kalendermonat	
Artikel (MAG)	
Buchungskreis	
Vertriebsweg	
Sparte	
Kennzahlen	
Land	
Verkaufsbüro (MAG)	
Kalenderjahr	2004

Autor	LEHMANN
Letzter Änderer	LEHMANN
InfoProvider	MB1DR01
Query Technischer Name	MB1D001
Stichtag	18.08.2005
Änderungszeit	17.08.2005 07:05:40
Aktualität der Daten	06.08.2005 12:43:29
Aktueller Benutzer	LEHMANN
Letztes Auffrischen	18.08.2005 09:08:05

Land	Verkaufsbüro (MAG)	Bruttoumsatz	Nettoumsatz	Rabatt	Verkaufsmenge
Schweiz	Montreux	73.966.746,20 EUR	105.541.718,75 CHF	8.253.275,41 CHF	13.758 ST
	Ergebnis	73.966.746,20 EUR	105.541.718,75 CHF	8.253.275,41 CHF	13.758 ST
Deutschland	Hamburg	76.119.076,15 EUR	70.544.987,27 EUR	5.574.088,88 EUR	15.168 ST
	Magdeburg	60.417.371,09 EUR	56.046.725,86 EUR	4.370.645,23 EUR	11.990 ST
	München	90.102.141,12 EUR	83.579.248,64 EUR	6.522.892,48 EUR	17.931 ST
	Ergebnis	226.638.588,36 EUR	210.170.961,77 EUR	16.467.626,59 EUR	45.089 ST
Gesamtergebnis		300.605.334,56 EUR	315.712.680,52 MIX	24.720.902,00 MIX	58.847 ST

Abb.: Arbeitsmappe nach dem Aktualisieren (c) SAP AG

6.5.6 Navigation in der Query

Mit Hilfe des Kontextmenüs können verschiedene Navigationen innerhalb der Berichtsausgabe durchgeführt werden. Darüber hinaus bietet es dem Benutzer abhängig vom Zellkontext verschiedene Funktionen an, die nachfolgend näher beschrieben werden.

Werte filtern Im Folgenden interessieren uns nur die Werte der Verkaufsbüros in Deutschland.

4. Schritt: Ein Filterwert kann auch direkt im Ergebnisbereich eines ausgeführten Berichts ausgewählt werden. Dazu setzen wir den Cursor auf den Filterwert (in unserem Beispiel Deutschland) und wählen im Kontextmenü "Filterwert festhalten...".

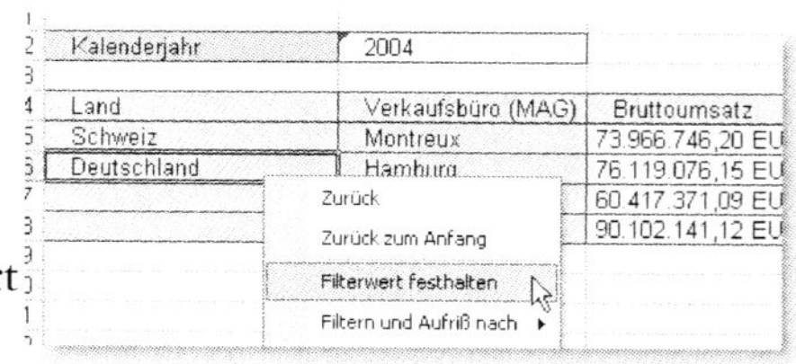

Abb.: Filterwert festhalten (c) SAP AG

Wir erkennen, dass der selektierte Wert in den Filterzellen über dem Ergebnisbereich der Query angezeigt wird [2]. Das Kalenderjahr wurde bereits in der Query-Definition ausgewählt und wird in den Filterzellen ebenfalls dargestellt [1].

Hinweis: Werte können auch über das Kontextmenü der Merkmale in den Filterzellen ausgewählt werden.

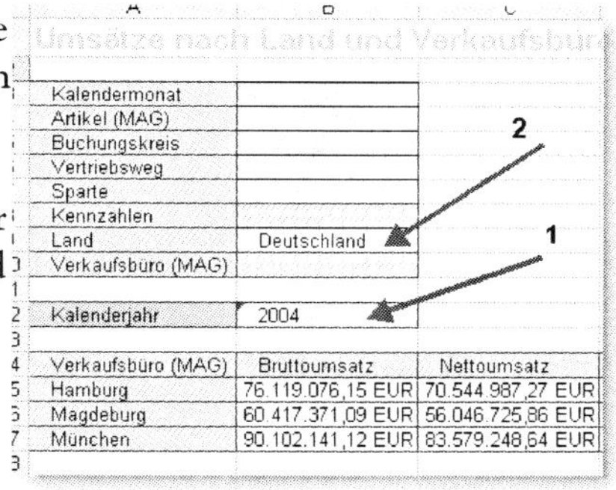

Abb.: Selektierte Werte (c) SAP AG

Hinzufügen Aufriss nach

5. Schritt: Um die Werte der einzelnen Artikel in den verschiedenen Verkaufsbüros vergleichen zu können, fügen wir den Verkaufsbüros einen Aufriss nach Artikel hinzu.

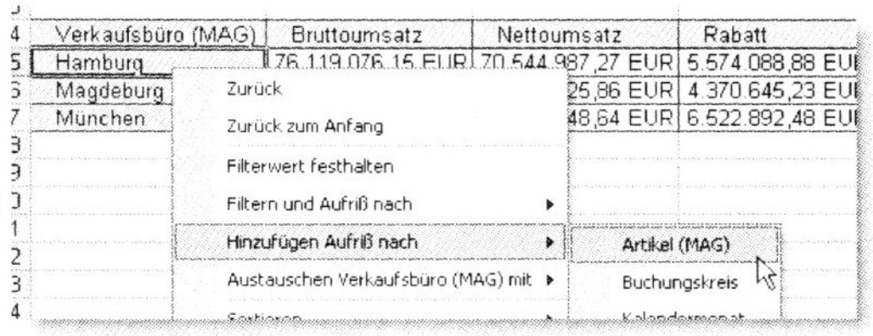

Abb.: Filtern und Aufriß nach Artikel (c) SAP AG

6. Schritt: Wir lassen uns für alle Merkmale wieder die Ergebniszeilen anzeigen. Unser Report hat nun folgendes Aussehen.

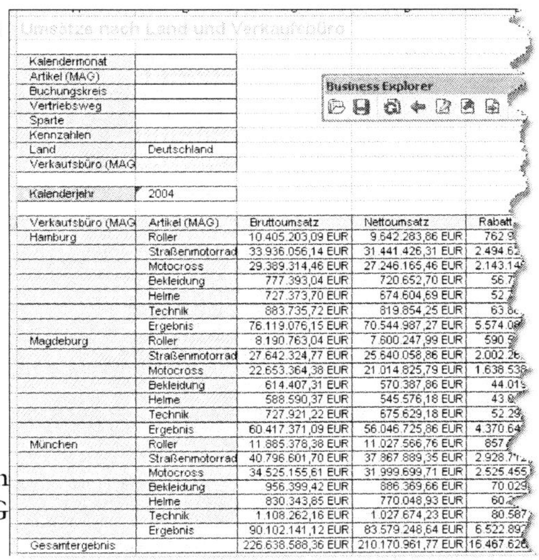

Verkaufsbüro (MAG	Artikel (MAG)	Bruttoumsatz	Nettoumsatz	Rabatt
Hamburg	Roller	10.405.203,09 EUR	9.642.283,86 EUR	762.9
	Straßenmotorrad	33.936.056,14 EUR	31.441.426,31 EUR	2.494.62
	Motocross	29.389.314,46 EUR	27.246.165,46 EUR	2.143.14
	Bekleidung	777.393,04 EUR	720.652,70 EUR	56.7
	Helme	727.373,70 EUR	674.604,69 EUR	52.
	Technik	883.735,72 EUR	819.854,25 EUR	63.8
	Ergebnis	76.119.076,15 EUR	70.544.987,27 EUR	5.574.0
Magdeburg	Roller	8.190.763,04 EUR	7.600.247,99 EUR	590.5
	Straßenmotorrad	27.642.324,77 EUR	25.640.058,86 EUR	2.002.2
	Motocross	22.653.364,38 EUR	21.014.825,79 EUR	1.638.53
	Bekleidung	614.407,31 EUR	570.387,86 EUR	44.01
	Helme	588.590,37 EUR	545.576,18 EUR	43.8
	Technik	727.921,22 EUR	675.629,18 EUR	52.29
	Ergebnis	60.417.371,09 EUR	56.046.725,86 EUR	4.370.64
München	Roller	11.885.378,38 EUR	11.027.566,76 EUR	857.
	Straßenmotorrad	40.796.601,70 EUR	37.867.889,35 EUR	2.928.7
	Motocross	34.525.155,61 EUR	31.999.699,71 EUR	2.525.455
	Bekleidung	956.399,42 EUR	886.369,66 EUR	70.029
	Helme	830.343,85 EUR	770.048,93 EUR	60.2
	Technik	1.108.262,16 EUR	1.027.674,23 EUR	80.587
	Ergebnis	90.102.141,12 EUR	83.579.248,64 EUR	6.522.89
Gesamtergebnis		226.638.588,36 EUR	210.170.961,77 EUR	16.467.62

Abb.: Query nach diversen Navigationsschritten (c) SAP AG

Währung umrechnen

Wir erkennen, dass der Nettoumsatz und der Rabatt in unterschiedlichen Währungen angegeben werden und wollen dies nun einheitlich darstellen.

1. Schritt: Wir wählen im Kontextmenü einer Kennzahl "Währungsumrechnung" und danach "Nach Zielwährung aus Datenbankwährung".

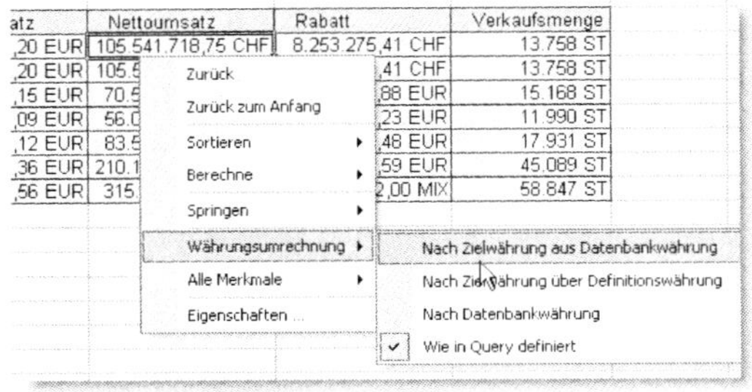

Abb.: Währungsumrechung (c) SAP AG

2. Schritt: Wir können hier nun eine Zielwährung - z.B. USD – eingeben und eine Umrechnungsart festlegen. Über die gewählte Umrechnungsart wird der Umrechnungskurs automatisch ermittelt.
Wir möchten, dass alle Werte in Euro erscheinen.

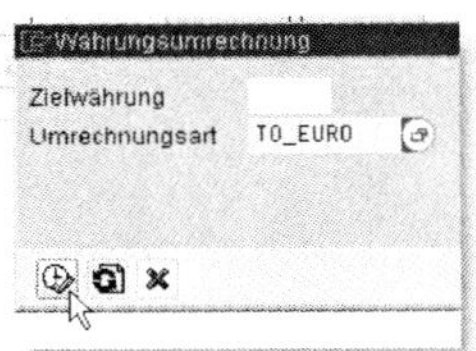

Abb.: Umrechnung nach EUR (c) SAP AG

Wichtig:
Bei der Umrechnungsart TO_EURO ist die Angabe einer Zielwährung nicht notwendig und wird vom SAP BW sogar mit einer Fehlermeldung bemerkt.

Diagramm anbinden

Wir möchten ein Diagramm an unsere Abfrageergebnisse anbinden.

1. Schritt: Dazu tauschen wir zunächst das Merkmal Land mit dem Merkmal Verkaufsbüro aus.

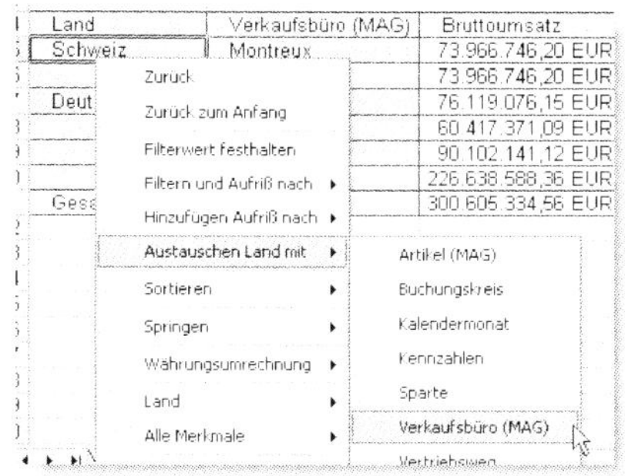

Abb.: Merkmale vertauschen (c) SAP AG

2. Schritt: Anschließend unterdrücken wir die gelben Ergebniszeilen für alle Merkmale, damit diese nicht in der Grafik dargestellt werden.

Abb.: Ergebniszeilen unterdrücken

3. Schritt: Daraufhin binden wir über den Menüpunkt "Layout" des Business Explorers ein Diagramm an.

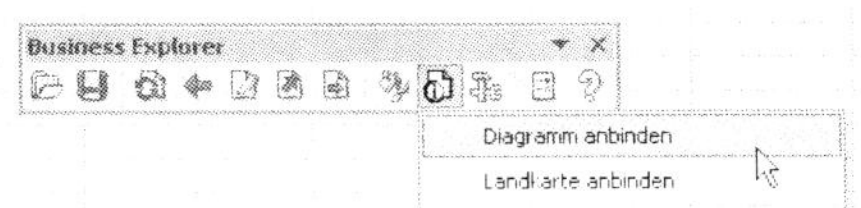

Abb.: Diagramm anbinden (c) SAP AG

Dieses passt sich dann stets an die aktuelle Datenkonstellation an. Ein zusätzliches Verkaufsbüro würde somit in der Darstellung sofort berücksichtigt.

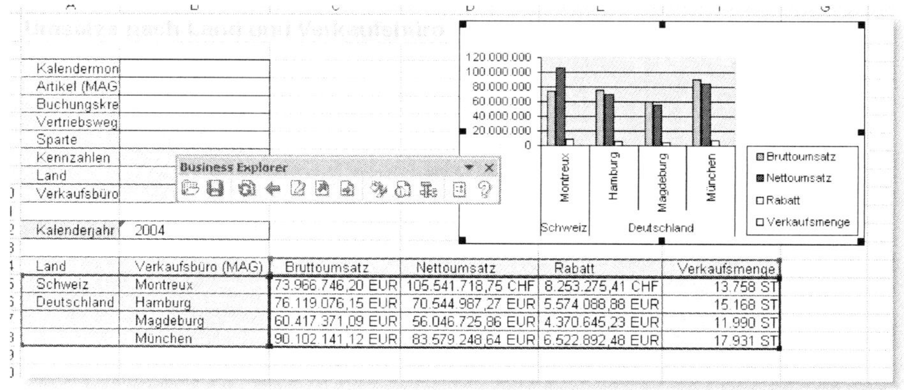

Abb.: Diagramm anbinden (c) SAP AG

6.5.7 Von der Query zum Management Cockpit

Nachfolgend wird nun der Aufbau eines Management Cockpits beschrieben.

Wir werden zunächst zwei Queries erstellen und diese anschließend zum Bau eines Management Cockpits verwenden. Die Queries erstellen wir wie im vorherigen Kapitel beschrieben mit dem SAP BEx Analyzer. Sie dienen später als Datenlieferant für das Cockpit.

Zur Erstellung des Cockpits selbst verwenden wir den SAP BEx Web Application Designer. Dieser befindet sich in der gleichen Windows-Programmgruppe wie der SAP BEx Analyzer.

Szenario:
In unserem Management Cockpit möchten wir die Umsätze des Jahres 2004 geordnet nach Sparten und darüber hinaus einen Überblick über die Umsätze des selben Jahres, gestaffelt nach Monaten, angezeigt bekommen. Dazu erstellen wir zunächst die beiden Queries "Cockpit: Umsätze nach Sparte" und " Cockpit: Umsätze nach Monat". Als InfoProvider dient uns in beiden Fällen der InfoCube "Vertrieb Motorsport AG".

Umsätze nach Sparte

Wir erstellen nun eine Query, welche die Umsätze nach Sparte zeigt.

1. Schritt: Dazu treffen wir im BEx Query Designer folgende Auswahl:

- das Merkmal Sparte in den Zeilen

- die Kennzahlen Brutto- und Nettoumsatz in den Spalten
- der Artikel als freies Merkmal

2. Schritt: Da uns nur die Werte für das Jahr 2004 interessieren, setzen wir einen entsprechenden Filter.

3. Schritt: Wir möchten alle Werte einheitlich in der Währung "Euro" angezeigt bekommen und lassen die beiden Kennzahlen über das Kontextmenü Eigenschaften dementsprechend umrechnen.

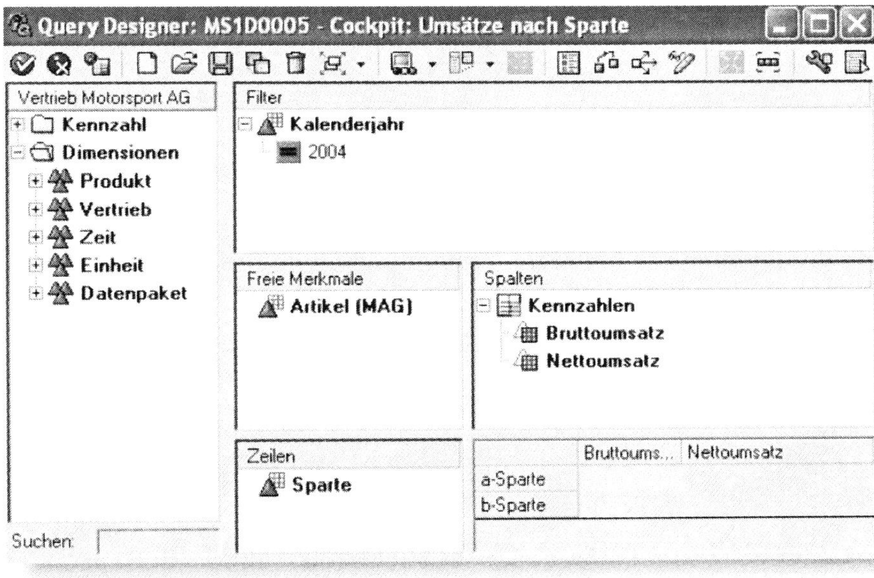

Abb.: Query Design "Umsätze nach Sparte" (c) SAP AG

Anschließend speichern wir die Query unter dem Namen "Cockpit: Umsätze nach Sparte" und führen sie aus.

Umsätze nach Monat

Wir erstellen nun die Query, die als zweiter Datenlieferant für das Cockpit dient. Dazu verfahren wir ähnlich wie bei der ersten Query:

1. Schritt: Wir treffen im BEx Query Designer folgende Auswahl:

- das Merkmal Kalenderjahr/Monat in den Zeilen
- die Kennzahlen Brutto- und Nettoumsatz in den Spalten.

2. Schritt: Da uns erneut nur die Werte für das Jahr 2004 interessieren, setzen wir wieder einen entsprechenden Filter.

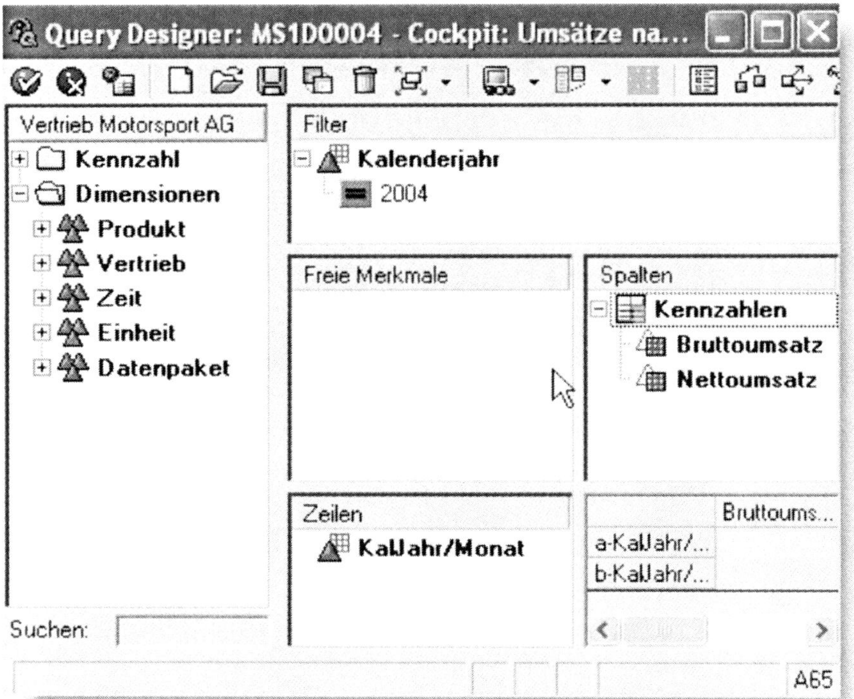

Abb.: Query Design "Umsätze nach Monat" (c) SAP AG

Auch bei dieser Query lassen wir uns die Werte des Brutto- und Nettoumsatzes wieder in Euro umrechnen. Wir speichern die Query unter dem Namen "Cockpit: Umsätze nach Monat" und führen sie daraufhin aus.

Web Application Designer

Die Datenlieferanten sind somit angelegt und wir können mit dem Bau des Cockpits beginnen. Dazu starten wir den SAP BEx Web Application Designer aus dem MS-Windows Menü. Nach dem Login öffnet sich der Design Editor.

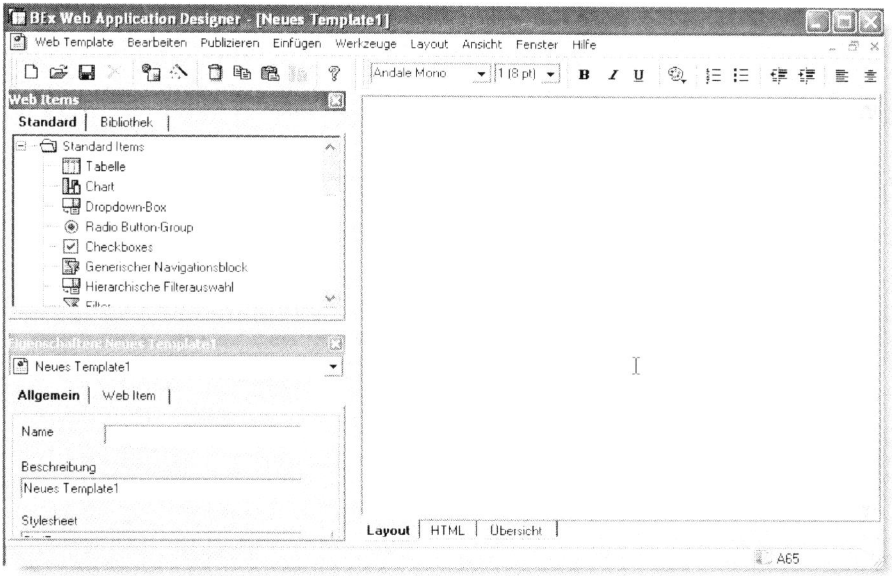

Abb.: BEx Web Application Designer (c) SAP AG

Groblayout festlegen

Zunächst legen wir ein grobes Layout fest.

1. Schritt: Dazu erstellen wir im Layout-Fenster zunächst eine Überschrift oder eine Grafik sowie eine Tabelle über Einfügen -- Tabelle. Die Tabelle soll aus jeweils zwei Zeilen und Spalten bestehen.

2. Schritt: Die Zellen der Tabelle füllen wir anschließend mit den Web-Items "Tabelle" und "Chart". Diese werden im Bereich "Web - Items" zur Verfügung gestellt und können mit Drag & Drop in unser Layout übernommen werden (es braucht evtl. etwas "Fingerspitzengefühl").

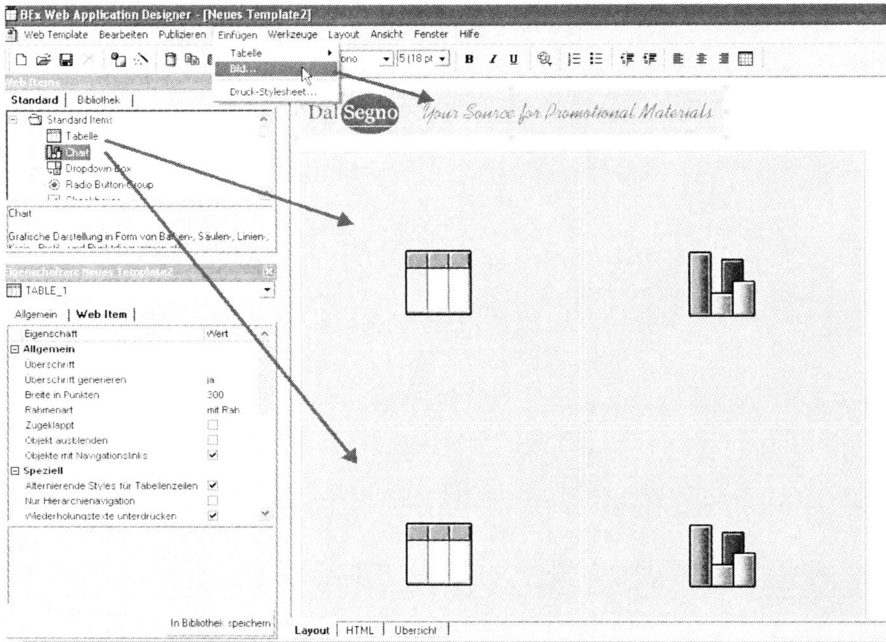

Abb.: Web-Items in das Layout übernehmen (c) SAP AG

Im Anschluss müssen wir noch die Eigenschaften für die Objekte der einzelnen Zellen festlegen.

Objekt-eigenschaften festlegen

1. Schritt: Eigenschaften für Table 1 festlegen.

- Name: Dataprovider_1
- Query: "Cockpit: Umsätze nach Sparte"
- Rahmenart: mit Rahmen

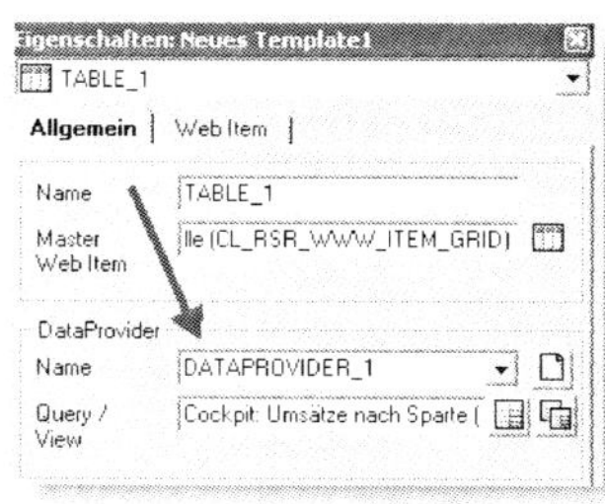

Abb.: Allgemeine Eigenschaften der Tabelle festlegen (c) SAP AG

2. Schritt: Eigenschaften für Chart 1 festlegen.

- Name: Dataprovider_1
- Query: "Cockpit: Umsätze nach Sparte"
- Rahmenart: mit Rahmen
- Breite in Punkten: 550
- Höhe in Punkten: 200
- Achsen zur Anzeige vertauschen
- Automatische Anzeige von Einheiten und Währungen

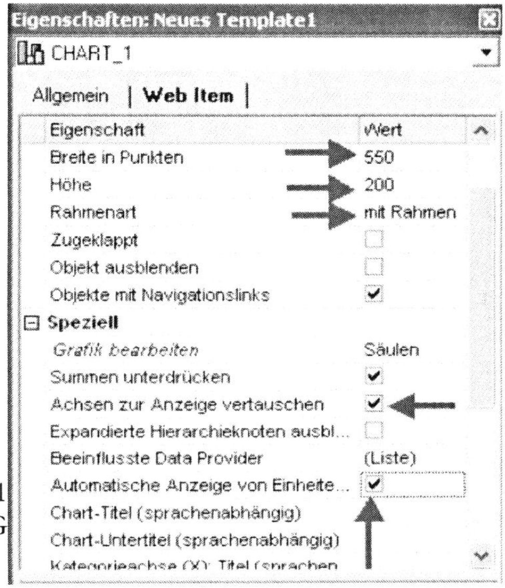

Abb.: Eigenschaften für Chart 1 festlegen (c) SAP AG

3. Schritt: Für Table 2 soll die Query "Cockpit: Umsätze nach Monat" als DataProvider dienen.

Deshalb müssen wir für dieses Web-Item mit  zunächst einen neuen DataProvider erstellen [1] und diesem (Dataprovider_2) dann die entsprechende Query zuweisen [2].

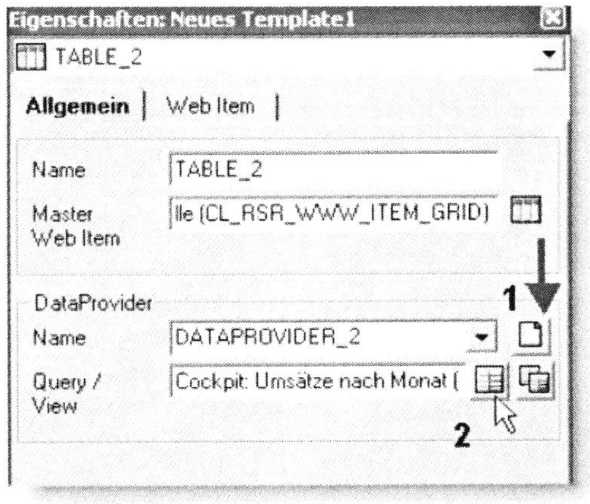

Abb.: Neuen Datenprovider anlegen und Query zuordnen (c) SAP AG

4. Schritt: Wir weisen dem Chart 2 die folgenden Eigenschaften zu:

- Name: Dataprovider_2
- Query: "Cockpit: Umsätze nach Monat"
- Rahmenart: mit Rahmen
- Breite in Punkten: 550
- Höhe in Punkten: 300
- Achsen zur Anzeige vertauschen
- Automatische Anzeige von Einheiten und Währungen

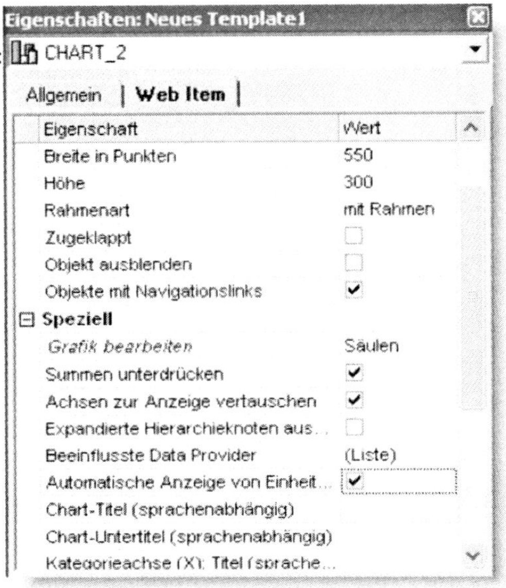

Abb.: Eigenschaften des Web - Items Chart festlegen (c) SAP AG

Sobald alle Einstellungen getroffen sind, speichern wir den Entwurf in unseren Favoriten und führen das Cockpit erstmals im Browser aus.

Cockpit anzeigen

Im Browser bekommen wir dann unser Management Cockpit wie folgt angezeigt:

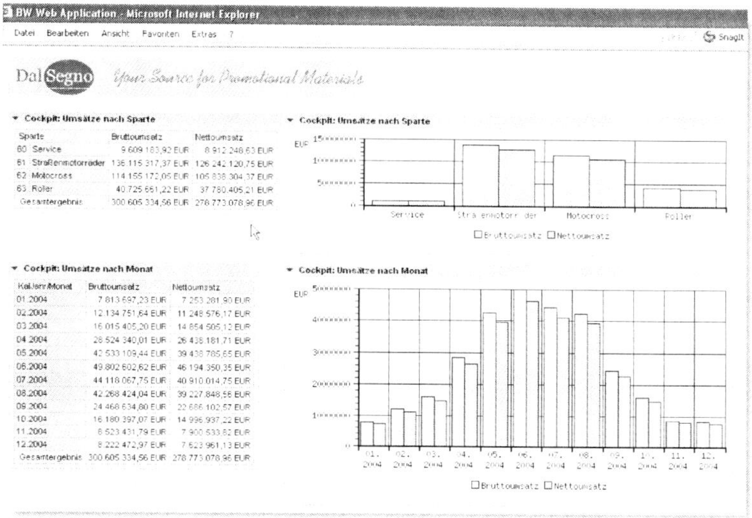

Abb.: Management Cockpit im Browser (c) SAP AG

Grafik ändern

Im Diagramm, das die Umsätze nach Monaten zeigt, können wir sehr gut die Saisonkurve unserer Verkäufe erkennen. Die Umsätze in den Wintermonaten sind deutlich geringer als die der Sommermonate. Den Gestaltungsmöglichkeiten sind nahezu keine Grenzen gesetzt, so kann man über die Eigenschaften des Charts unter anderem auch die Darstellung des Diagramms ändern. Wir können das Chart statt als Säulendiagramm z.B. auch als Liniendiagramm darstellen.

Schritt: Wir ändern das Web-Item der unteren Grafik auf "Linien" und lassen uns das Ergebnis anzeigen.

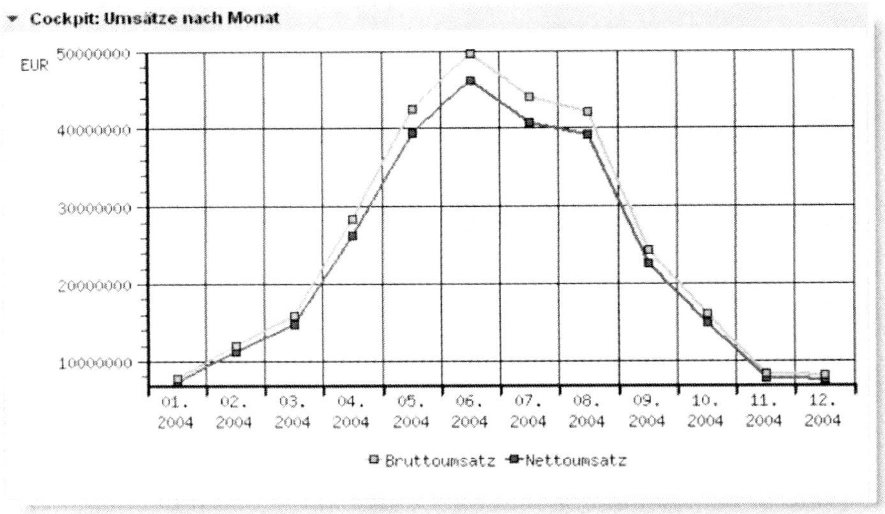

Abb.: Umsatzstatistik als Liniendiagramm (c) SAP AG

Navigation im Web

Im Management Cockpit haben wir zudem über das Kontextmenü viele Möglichkeiten, im Bericht zu navigieren.

Wir wollen uns im Beispiel die Artikel der Sparten anzeigen lassen und uns die Bruttoumsätze sortieren lassen, um so eine Rangfolge der umsatzstärksten Monate zu erhalten.

Abb.: Aufriss hinzufügen (c) SAP AG

Diese Funktionen finden wir im Kontextmenü der Merkmale "Sparte" bzw. "Bruttoumsatz".

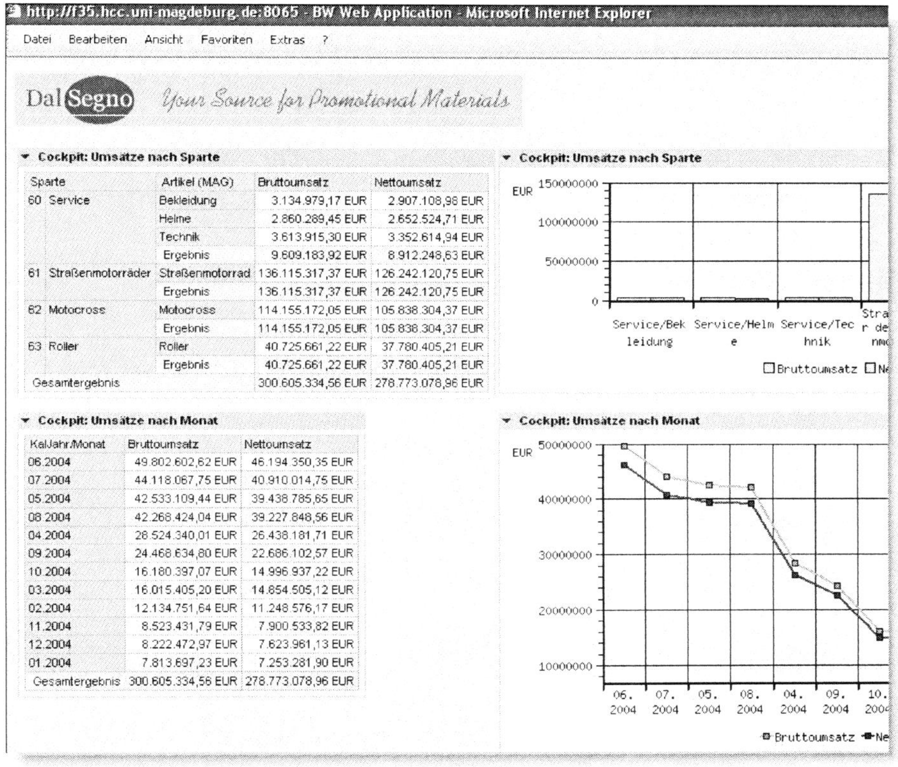

Sparte		Artikel (MAG)	Bruttoumsatz	Nettoumsatz
60	Service	Bekleidung	3.134.979,17 EUR	2.907.108,98 EUR
		Helme	2.860.289,45 EUR	2.652.524,71 EUR
		Technik	3.613.915,30 EUR	3.352.614,94 EUR
		Ergebnis	9.609.183,92 EUR	8.912.248,63 EUR
61	Straßenmotorräder	Straßenmotorrad	136.115.317,37 EUR	126.242.120,75 EUR
		Ergebnis	136.115.317,37 EUR	126.242.120,75 EUR
62	Motocross	Motocross	114.155.172,05 EUR	105.838.304,37 EUR
		Ergebnis	114.155.172,05 EUR	105.838.304,37 EUR
63	Roller	Roller	40.725.661,22 EUR	37.780.405,21 EUR
		Ergebnis	40.725.661,22 EUR	37.780.405,21 EUR
Gesamtergebnis			300.605.334,56 EUR	278.773.078,96 EUR

KalJahr/Monat	Bruttoumsatz	Nettoumsatz
06.2004	49.802.602,62 EUR	46.194.350,35 EUR
07.2004	44.118.067,75 EUR	40.910.014,75 EUR
05.2004	42.533.109,44 EUR	39.438.785,65 EUR
08.2004	42.268.424,04 EUR	39.227.848,56 EUR
04.2004	28.524.340,01 EUR	26.438.181,71 EUR
09.2004	24.468.634,80 EUR	22.686.102,57 EUR
10.2004	16.180.397,07 EUR	14.996.937,22 EUR
03.2004	16.015.405,20 EUR	14.854.505,12 EUR
02.2004	12.134.751,64 EUR	11.248.576,17 EUR
11.2004	8.523.431,79 EUR	7.900.533,82 EUR
12.2004	8.222.472,97 EUR	7.623.961,13 EUR
01.2004	7.813.697,23 EUR	7.253.281,90 EUR
Gesamtergebnis	300.605.334,56 EUR	278.773.078,96 EUR

Abb.: Web-Report nach weiteren Navigationsschritten (c) SAP AG

6.6 Historisierung

Die Modellierung multidimensionaler Strukturen hängt oft von betriebswirtschaftlichen Anforderungen ab, die sich im Laufe der Zeit häufig ändern. Dabei spielt die Historisierung von Stammdaten eine wichtige Rolle. Neben der aktuellen Darstellung von Attributen spielt die historische Darstellung, die als **Slowly Changing Dimensions** bezeichnet wird, eine große Rolle. Wenn beispielsweise ein Verkäufer in ein anderes Verkaufsbüro wechselt, soll sich diese Änderung in der Regel nicht auf die Daten vor dem Wechsel auswirken und alte Einträge in der Datenbanktabelle dürfen nicht einfach überschrieben werden. Ein Konzept zur Vermeidung solcher Konflikte sind die Slowly Changing Dimensions. Darüber hinaus gehört auch die stichtagsbezogene Darstellung zum Tagesgeschäft eines Data Warehouses. Im Folgenden werden die drei unterschiedlichen Modellierungsweisen anhand eines Beispiels dargestellt.

6.6.1 Einführendes Beispiel

Ein Verkäufer arbeitet grundsätzlich immer in einem bestimmten Verkaufsbüro. Dieses kann der Verkäufer jedoch im Laufe der Zeit wechseln.

Szenario
Der Verkäufer Hr. Huber arbeitet bis zum 28.02.2005 im Verkaufsbüro 9000 (Magdeburg). Zum 1.3.2005 wechselt Hr. Huber in das Verkaufsbüro 9200 (Montreux).

Im Folgenden werden wir der interessanten Frage nachgehen, was mit den Umsätzen des Verkäufers passiert, wenn dieser das Verkaufsbüro wechselt. Hinsichtlich dieser Fragestellung werden von Seiten des Managements unterschiedliche Anforderungen gestellt.

Aktuelle Darstellung

- Bei der **aktuellen Darstellung** ist entscheidend, in welchem Verkaufsbüro der Verkäufer zum Zeitpunkt der Datenanforderung über eine Query arbeitet. In der Query sollen somit alle Umsätze des Verkäufers in seinem neuen Verkaufsbüro angezeigt werden, obwohl die Umsätze in der Vergangenheit in einem anderen Verkaufsbüro angefallen sind.

Zeit-abhängigkeit

- Im Fall der **Zeitabhängigkeit** wird ein Stichtag definiert und der Bericht soll dann auf dem zu diesem Zeitpunkt gültigen Verkaufsbüro basieren. Auf diese Weise ist es z.B. möglich herauszubekommen, wie die Umsätze des Verkaufsbüros gewesen wären, wenn kein Wechsel stattgefunden hätte.

Historische Wahrheit

- Bei der Betrachtung der **historischen Wahrheit** kommt es darauf an, welchem Verkaufsbüro der Verkäufer zum Zeitpunkt seines Verkaufsvorgangs angehörte. Die angefallenen Umsätze aus vergangenen Perioden verbleiben folglich im jeweiligen Verkaufsbüro.

6.6.2 Implementierung mit SAP BW

Im Folgenden spielen wir die einzelnen Darstellungen am konkreten Beispiel durch. Hierzu ergänzen wir unsere Fallstudie zunächst um das InfoObject Verkäufer.

6.6.3 InfoObject anlegen

1. Schritt: Wir legen zunächst das InfoObject Verkäufer an. Dazu vergeben den technischen Namen MB1DVEND und stellen die Parameter wie folgt ein:

- Register **Allgemeines**: Datentyp CHAR, 20-stellig
- Register **Business Explorer**: Darstellung als Schlüssel im Business Explorer
- Register **Stammdaten**: Mit Stammdaten, ohne Texte
- Register **Attribute**: Verkaufsbüro MB1DSALOF als Navigationsattribut, Beschreibung: "Verkaufsbüro (Attribut von Verkäufer)".
- Register **Attribute**: Verkaufsbüro ist zeitabhängig!

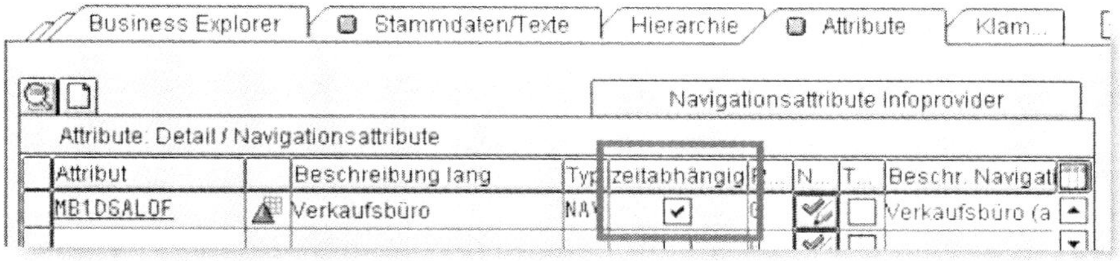

Abb.: Zeitabhängigkeit (c) SAP AG

Stammdaten erfassen

Wir generieren das InfoObject und erfassen anschließend die Stammdaten manuell wie folgt:

Verkäufer	**gültig von**	**gültig bis**	**Verkaufsbüro**
BAUER	01.01.1000	31.12.9999	9000
HUBER	01.01.1000	28.02.2005	9000
HUBER	01.03.2005	31.12.9999	9200
MÜLLER	01.01.1000	31.12.9999	1010
SCHMIDT	01.01.1000	31.12.9999	1010
SCHULZE	01.01.1000	31.12.9999	9200
MAIER	01.01.1000	31.12.9999	9200

Abb.: Stammdaten - Verkäufer (c) SAP AG

6.6.4 InfoCube anlegen

2. Schritt: Nun legen wir einen einfachen InfoCube vom Typ BasisCube mit dem technischen Namen MB1SC01 und der Bezeichnung Slowly Changing Dimensions an.

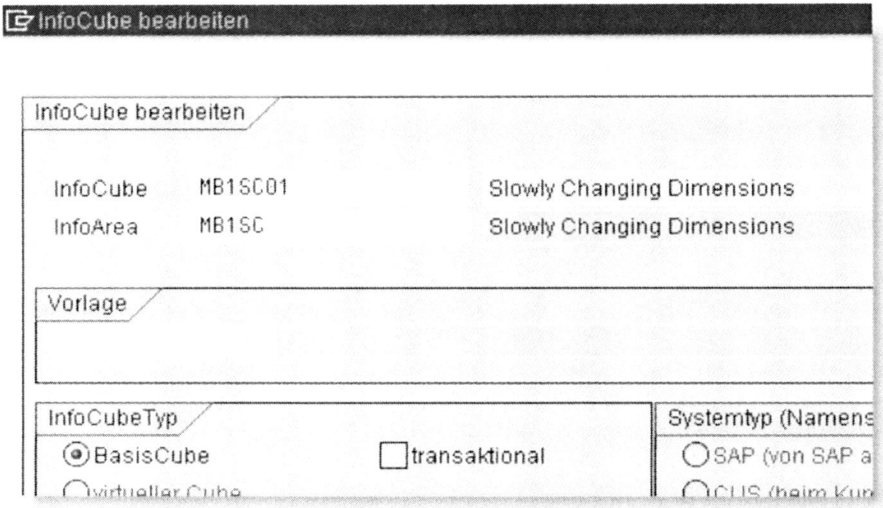

Abb.: InfoCube anlegen (c) SAP AG

Struktur definieren Als **Merkmale** wählen wir den Verkäufer (MB1DVEND) aus. Zudem übernehmen wir das **Zeitmerkmal** Kalenderjahr/Monat (0CALMONTH) sowie die **Kennzahl** Bruttoumsatz (MB1DREVG) in unseren InfoCube. Das Verkaufsbüro (als Stammdatenattribut) definieren wir als Navigationsattribut.

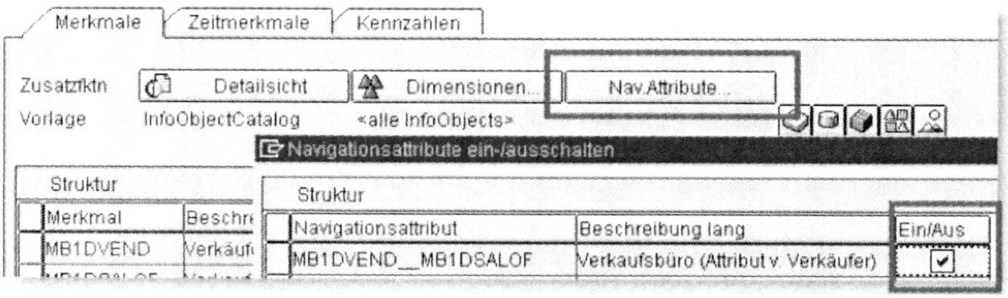

Abb.: InfoCube definieren (c) SAP AG

Dimensionen definieren Wir definieren zunächst die Dimension Verkäufer und ordnen dieser dann das Merkmale Verkäufer zu.

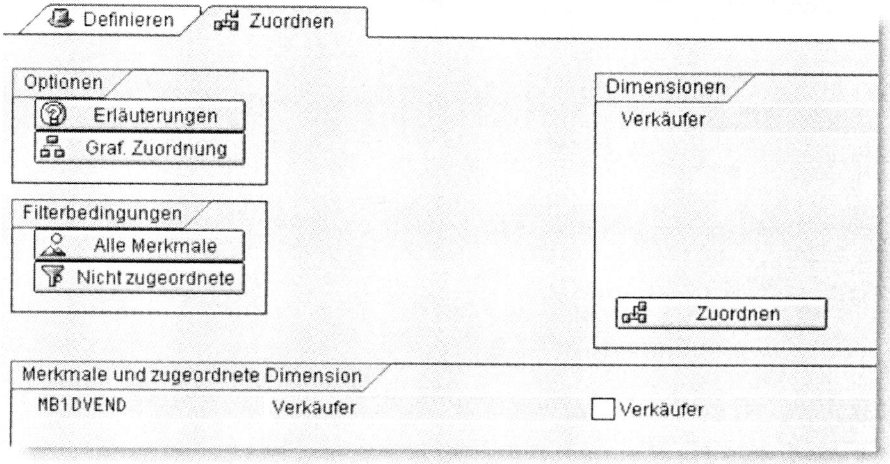

Abb.: Dimensionen zuordnen (c) SAP AG

Wir generieren die Struktur des InfoCubes, der nun die folgende, einfache Struktur besitzt:

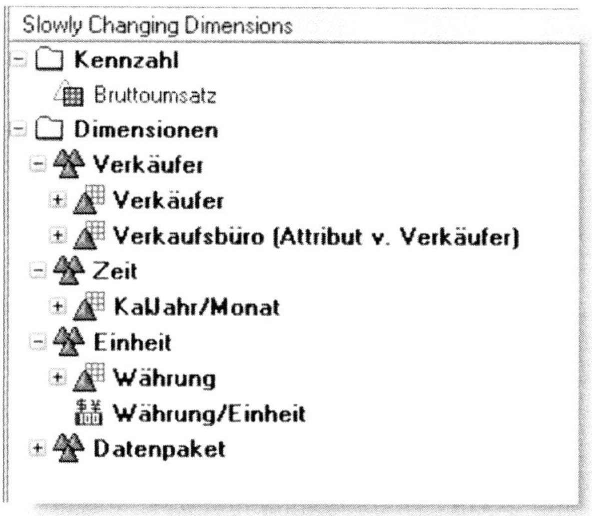

Abb.: Sicht auf den InfoCube (c) SAP AG

6.6.5 InfoSource anlegen

3. Schritt: Nun legen wir eine InfoSource mit dem Name MB1SC001 mit flexibler Fortschreibung für die Verkaufsdaten an und ordnen ein PC-FILE als Quellsystem zu.

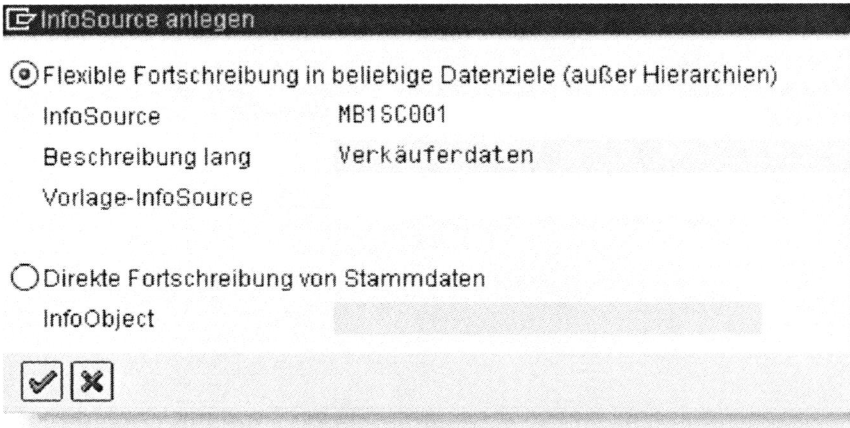

Abb.: InfoSource anlegen (c) SAP AG

Transfer-struktur

4. Schritt: Als nächstes tragen wir die InfoObjects

- MB1DVEND (Verkäufer),
- 0CALMONTH (KalJahr/Monat),
- MB1DREVG (Bruttoumsatz) und
- 0CURRENCY (Währung)

in die Transferstruktur der DataSource ein.

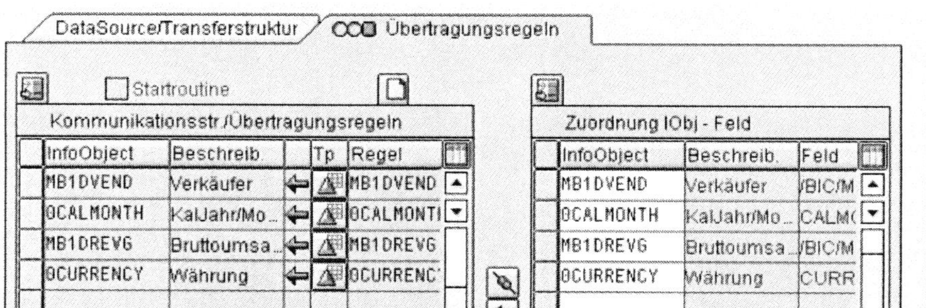

Abb.: Transferstruktur definieren (c) SAP AG

Übertragungs-regeln

5. Schritt: Danach erzeugen wir die Kommunikationsstruktur der InfoSource und generieren die Übertragungsregeln.

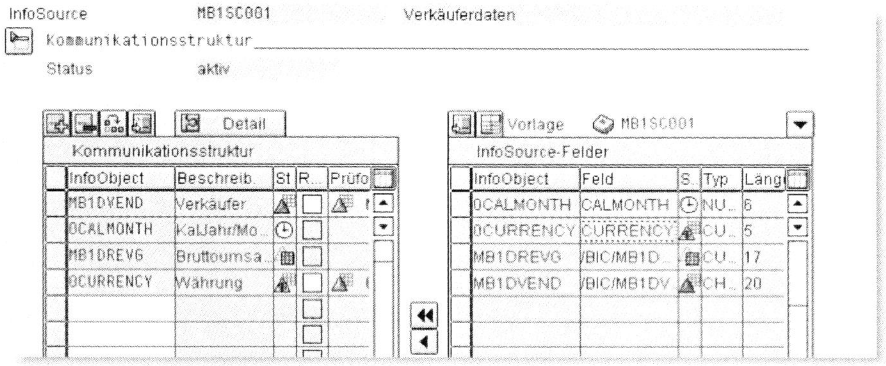

Abb.: InfoSource definieren (c) SAP AG

6.6.6 Fortschreibungsregeln definieren

6. Schritt: Bevor wir mit dem Laden der Transaktionsdaten beginnen können, müssen wir noch die Fortschreibungsregeln für den InfoCube anlegen. Dazu wählen wir als Datenquelle die InfoSource MB1SC001 und lassen uns vom SAP BW die Fortschreibungsregeln anlegen.

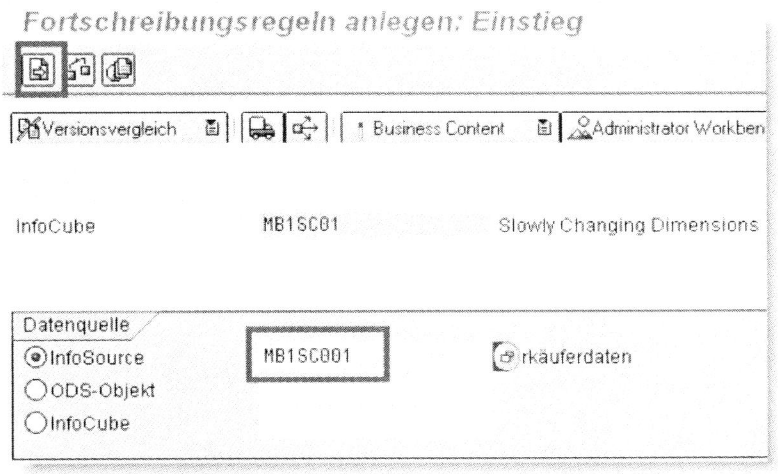

Abb.: Fortschreibungsregeln anlegen (c) SAP AG

Wir aktivieren den InfoCube 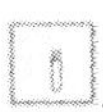.

6.6.7 Daten laden

7. Schritt: Wir laden nun die Daten aus der csv-Datei in den InfoCube. Dazu erstellen wir für unsere DataSource ein InfoPackage und laden die Daten direkt in den InfoCube.

Abb.: Bewegungsdaten mit Umsätzen aus Quartal 1 bis Quartal 3.

8. Schritt: Wir kontrollieren den Datenladeprozess über den Monitor oder über die Administration des InfoCubes (vgl. Abbildung unten).

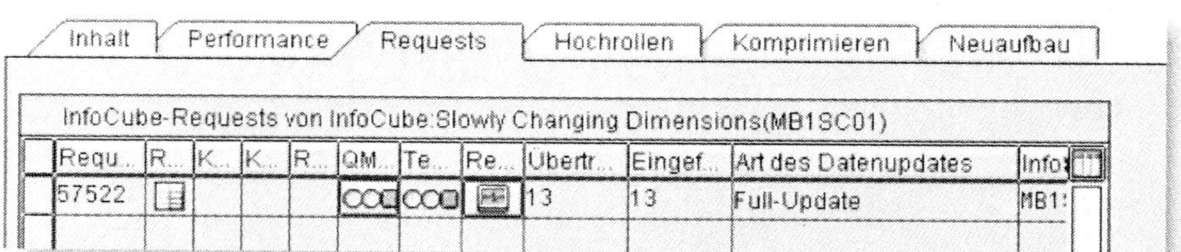

Abb.: Kontrolle des Ladeprozesses (c) SAP AG

6.6.8 Query definieren

1. Schritt: wir definieren eine Query wie folgt.

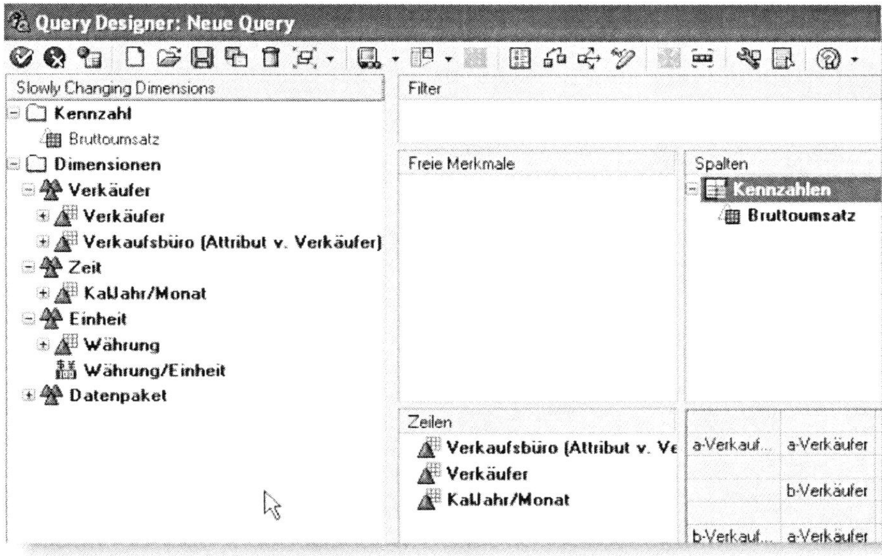

Abb.: Query definieren (c) SAP AG

6.6.9 Aktuelle Darstellung

2. Schritt: Wir speichern die Query zunächst und führen diese dann mit folgendem Ergebnis aus. Die Umsätze des Verkäufers HUBER der Monate Januar bis März sind dem Verkaufsbüro 9200 (Montreux) zugeordnet obwohl er in der ersten drei Monaten im Verkaufsbüro 9000 (Madgeburg) tätig war. Dies entspricht der **aktuellen Darstellung.**

	A	B	C	D	E
1	Query für SCD				
2					
3	Kennzahlen				
4	Verkaufsbüro				
5	Verkäufer				
6	KalJahr/Monat				
7					
8	Verkaufsbüro		Verkäufer	KalJahr/Monat	Bruttoumsatz
9	1010	Hamburg	MÜLLER	01.2005	120.000,00 EUR
10				03.2005	100.000,00 EUR
11				Ergebnis	220.000,00 EUR
12			SCHMIDT	01.2005	80.000,00 EUR
13				03.2005	100.000,00 EUR
14				Ergebnis	180.000,00 EUR
15			Ergebnis		400.000,00 EUR
16	9000	Magdeburg	BAUER	01.2005	100.000,00 EUR
17				03.2005	100.000,00 EUR
18				Ergebnis	200.000,00 EUR
19			Ergebnis		200.000,00 EUR
20	9200	Montreux	HUBER	01.2005	200.000,00 EUR
21				02.2005	100.000,00 EUR
22				03.2005	300.000,00 EUR
23				Ergebnis	600.000,00 EUR
24			MAIER	02.2005	150.000,00 EUR
25				03.2005	200.000,00 EUR
26				Ergebnis	350.000,00 EUR
27			SCHULZE	01.2005	140.000,00 EUR
28				03.2005	110.000,00 EUR
29				Ergebnis	250.000,00 EUR
30			Ergebnis		1.200.000,00 EUR
31	Gesamtergebnis				1.800.000,00 EUR

Abb.: Query ausführen (c) SAP AG

6.6.10 Zeitabhängigkeit

Wir können die Umsätze zu einem bestimmten Stichtag bewerten. Dazu geben wir in den Queryeigenschaften ein bestimmtes Datum (z.B. 10.02.2005) als Stichtag an.

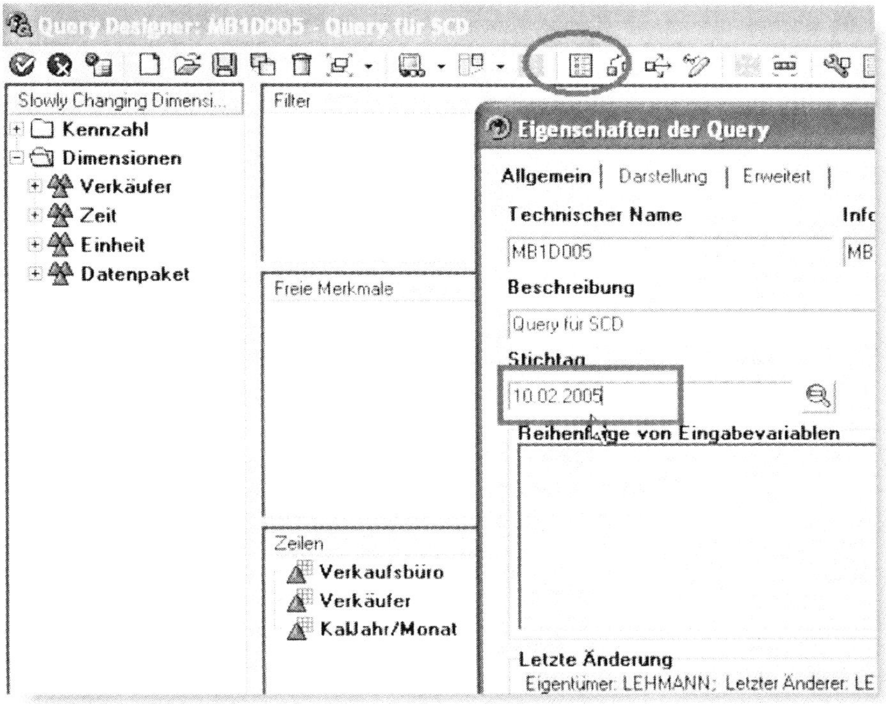

Abb.: Stichtagsbezogene Sicht definieren

Im Anschluss führen wir die Query aus und erkennen, dass alle Umsätze des Verkäufers HUBER dem Verkaufsbüro 9000 (Magdeburg) zugeordnet sind, in dem er zum festgelegten Stichtag tätig war.

	A	B	C	D	E
1	Query für SCD				
2					
3	Kennzahlen				
4	Verkaufsbüro				
5	Verkäufer				
6	KalJahr/Monat				
7					
8	Verkaufsbüro		Verkäufer	KalJahr/Monat	Bruttoumsatz
9	1010	Hamburg	MÜLLER	01.2005	120.000,00 EUR
10				03.2005	100.000,00 EUR
11				Ergebnis	220.000,00 EUR
12			SCHMIDT	01.2005	80.000,00 EUR
13				03.2005	100.000,00 EUR
14				Ergebnis	180.000,00 EUR
15			Ergebnis		400.000,00 EUR
16	9000	Magdeburg	BAUER	01.2005	100.000,00 EUR
17				03.2005	100.000,00 EUR
18				Ergebnis	200.000,00 EUR
19			HUBER	01.2005	200.000,00 EUR
20				02.2005	100.000,00 EUR
21				03.2005	300.000,00 EUR
22				Ergebnis	600.000,00 EUR
23			Ergebnis		800.000,00 EUR
24	9200	Montreux	MAIER	02.2005	150.000,00 EUR
25				03.2005	200.000,00 EUR
26				Ergebnis	350.000,00 EUR
27			SCHULZE	01.2005	140.000,00 EUR
28				03.2005	110.000,00 EUR
29				Ergebnis	250.000,00 EUR
30			Ergebnis		600.000,00 EUR
31	Gesamtergebnis				1.800.000,00 EUR
32					

Abb.: Query ausführen: stichtagsbezogene Sicht (c) SAP AG

Würden wir dagegen den 10.03.2005 als Stichtag wählen, würden seine gesamten Umsätze dem Verkaufsbüro 9200 (Montreux) zugeordnet werden.

6.6.11 Historische Wahrheit

Nun betrachten wir die Implementierung der Historischen Wahrheit. Dabei sollen die Umsätze des Verkäufers HUBER aus den Monaten Januar und Februar dem Verkaufsbüro 9000 (Magdeburg) zugeordnet werden, die Umsätze aus dem Monat März dem Verkaufsbüro 9200 (Montreux).

Die Implementierung erfolgt aus Performancegründen über einen kleinen Trick. Beim Laden der Daten wird die jeweilige Zuordnung "Verkäufer zu

Verkaufsbüro" für jeden Datensatz der Bewegungsdaten aus den Stammdaten des Verkäufers gelesen und im InfoCube in einem zusätzlichen InfoObject **persistent** abgelegt.

Das bedeutet, dass unser InfoCube um das Merkmal MB1DSALOF "Verkaufsbüro" erweitert werden muss. Dadurch erscheinen später im Business Explorer zwei Merkmale "Verkaufsbüro":

1. Verkaufsbüro (Attribut von Verkäufer)
2. Verkaufsbüro (Merkmal im InfoCube)

InfoCube erweitern

1. Schritt: Zunächst müssen wir das InfoObject Verkaufsbüro in den InfoCube aufnehmen, der Dimension Verkäufer zuordnen und generieren.

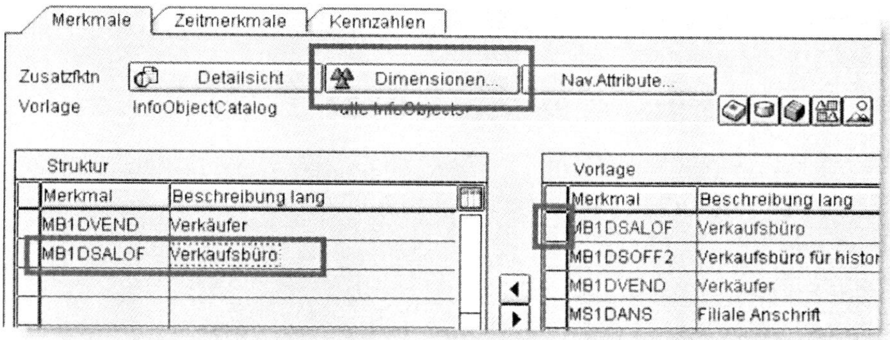

Abb: Verkaufsbüro in den InfoCube übernehmen (c) SAP AG

Der InfoCube sieht für den Endanwender nun wie folgt aus:

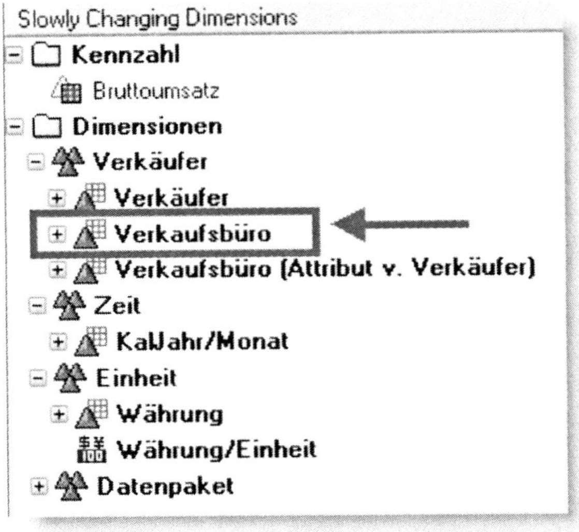

Abb.: InfoCube mit Verkaufsbüro (c) SAP AG

Fortschreibung

Die Fortschreibung des InfoCubes wechselt auf inaktiv, da die Struktur des InfoCubes geändert wurde.

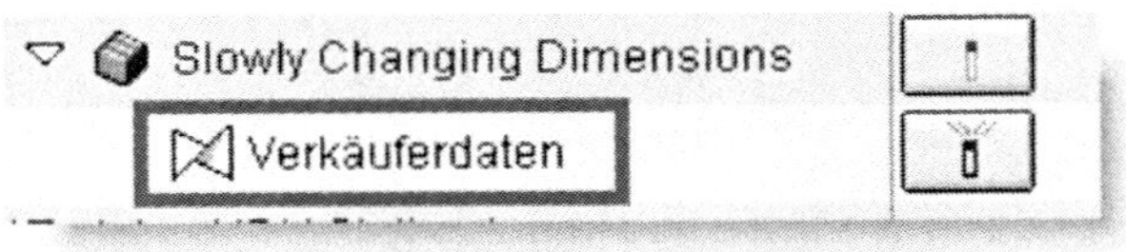

Abb.: Inaktive Fortschreibung (c) SAP AG

2. Schritt: Wir ändern die Fortschreibung. Dazu muss zunächst dafür gesorgt werden, dass das neue InfoObject "Verkaufsbüro" im InfoCube den jeweiligen Wert aus den Stammdaten nachliest. Dieses "Nachlesen" erfolgt über eine Methode, die aus dem Stammdatenattribut des Verkäufers den Wert ermittelt und im InfoObject des InfoCubes dauerhaft ablegt. Die Zeitabhängigkeit erfolgt über den Bezug Kalenderjahr/Monat.

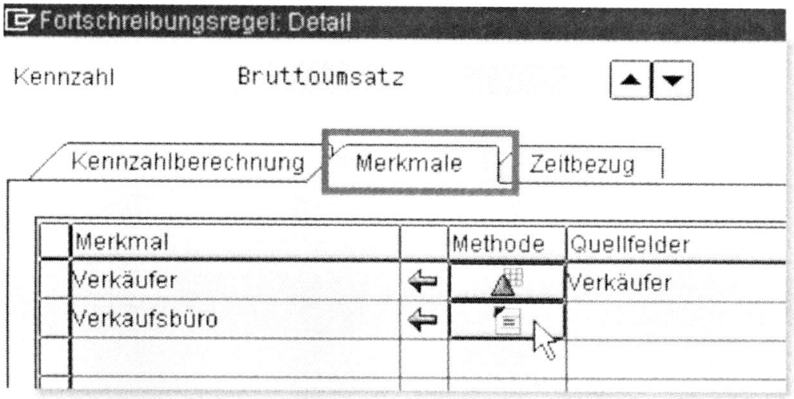

Abb.: Methode für Merkmal Verkaufsbüro (im InfoCube) erzeugen (c) SAP AG

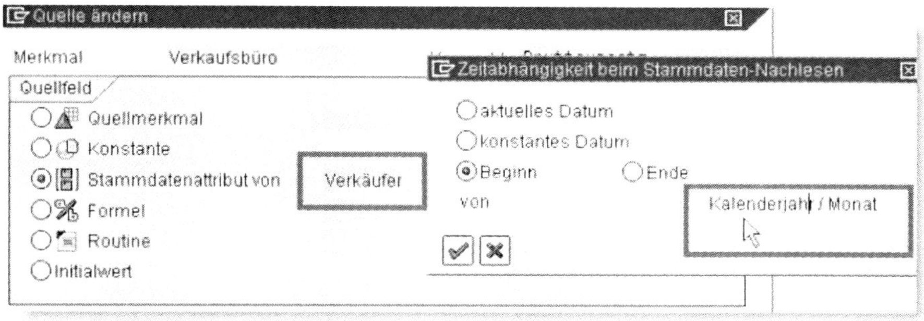

Abb.: Zeitabhängigkeit definieren (c) SAP AG

Daten im Cube löschen

3. Schritt: Wir generieren zunächst den InfoCube. Danach löschen wir die Daten aus dem InfoCube. Dazu wechseln wir über das Kontextmenu des InfoCubes in die Administration, markieren den bereits geladenen Request und aktivieren das Löschprogramm.

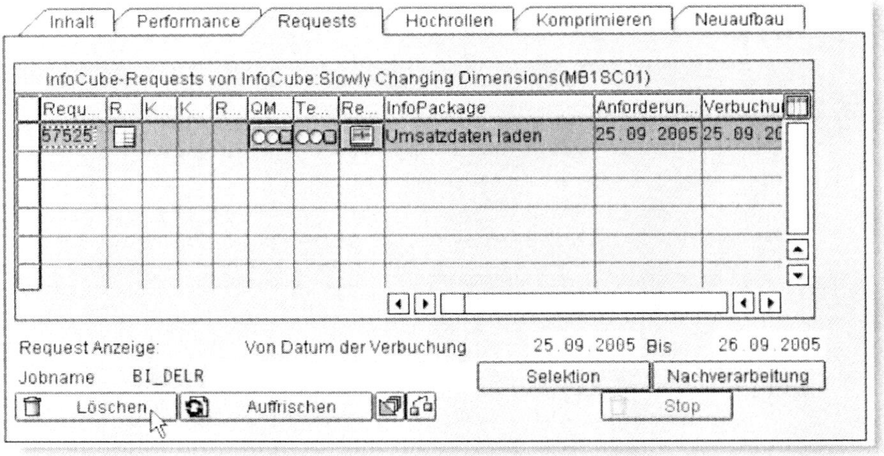

Abb.: Daten aus dem InfoCube löschen (c) SAP AG

Daten neu laden

4. Schritt: Nun laden wir die Daten erneut aus der PSA in den InfoCube. Dabei werden die neuen Fortschreibungsregeln verwendet, d. h. die Zuordnung des Verkäufers zum Verkaufsbüro wird aus den Stammdaten des Verkäufers gelesen.

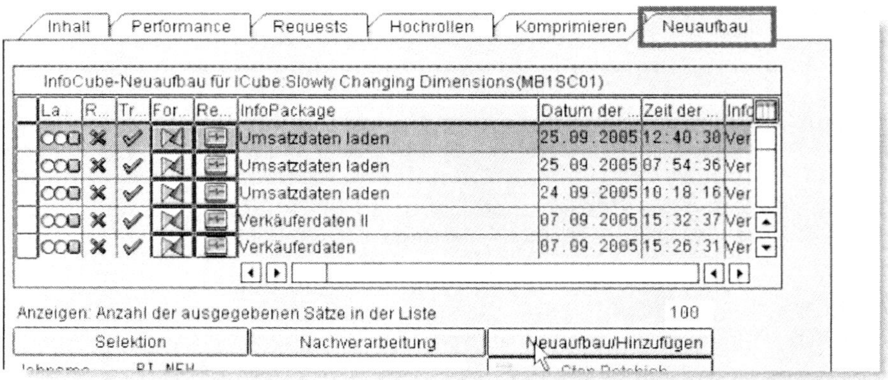

Abb.: Neuaufbau des InfoCubes (c) SAP AG

Query erstellen

Wir ändern unsere Query leicht ab und selektieren das neue InfoObject "Verkaufsbüro" aus dem InfoCube.

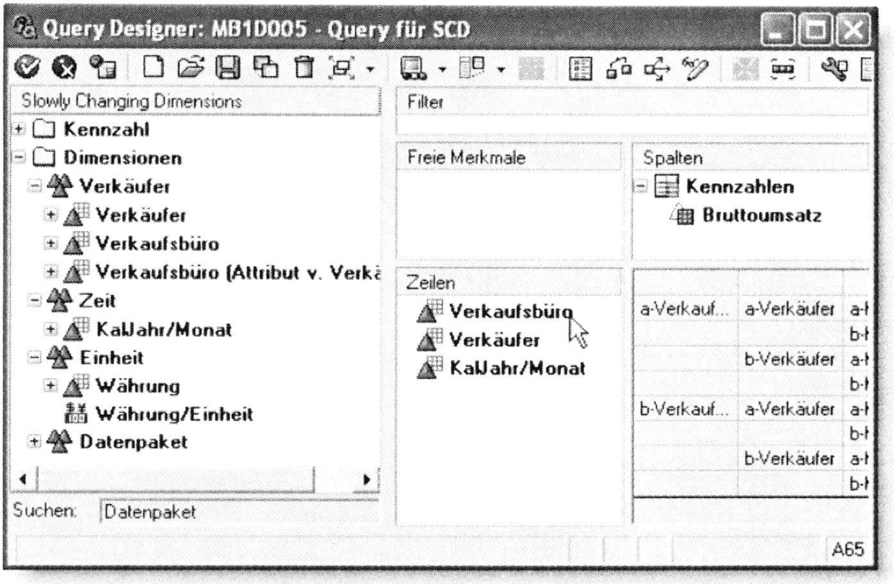

Abb.: Selektion des InfoObjects "Verkaufsbüro" aus dem InfoCube (c) SAP AG

Historische Wahrheit

Wir erhalten das gewünschte Ergebnis.

	A	B	C	D	E
1	Query für SCD				
2					
3	Kennzahlen				
4					
5	Verkäufer				
6	KalJahr/Monat				
7	Verkaufsbüro				
8					
9	Verkaufsbüro		Verkäufer	KalJahr/Monat	Bruttoumsatz
10	1010	Hamburg	MÜLLER	01.2005	120.000,00 EUR
11				03.2005	100.000,00 EUR
12				Ergebnis	220.000,00 EUR
13			SCHMIDT	01.2005	80.000,00 EUR
14				03.2005	100.000,00 EUR
15				Ergebnis	180.000,00 EUR
16			Ergebnis		400.000,00 EUR
17	9000	Magdeburg	BAUER	01.2005	100.000,00 EUR
18				03.2005	100.000,00 EUR
19				Ergebnis	200.000,00 EUR
20			HUBER	01.2005	200.000,00 EUR
21				02.2005	100.000,00 EUR
22				Ergebnis	300.000,00 EUR
23			Ergebnis		500.000,00 EUR
24	9200	Montreux	HUBER	03.2005	300.000,00 EUR
25				Ergebnis	300.000,00 EUR
26			MAIER	02.2005	150.000,00 EUR
27				03.2005	200.000,00 EUR
28				Ergebnis	350.000,00 EUR
29			SCHULZE	01.2005	140.000,00 EUR
30				03.2005	110.000,00 EUR
31				Ergebnis	250.000,00 EUR
32			Ergebnis		900.000,00 EUR
33	Gesamtergebnis				1.800.000,00 EUR

Abb.: Darstellung der historischen Wahrheit (c) SAP AG

7 Unternehmensplanung mit SAP BW BPS

Eine Unternehmensplanung mit einer entscheidungsunterstützenden Datenbasis als Grundlage wird für Unternehmen zusehends ein kritischer Erfolgsfaktor. Das SAP Business Information Warehouse ermöglicht eine Unternehmensplanung, die auf dem OLAP-Ansatz basiert.

7.1 Planungsprozesse

Die Erfahrung hat gezeigt, dass **Planungsprozesse** in den meisten Unternehmen einerseits recht komplex sind, andererseits aber auch sehr dynamisch änderbar sein müssen, um sich an die jeweiligen Bedingungen des Marktes anzupassen. Eine Unternehmensplanung mit einer entscheidungsunterstützenden Datenbasis als Grundlage wird für Unternehmen zusehends ein kritischer Erfolgsfaktor.

Während vielerorts noch eine auf Tabellenkalkulationsprogrammen basierende Planung zum Einsatz kommt, setzen sich spezielle Softwarelösungen zur Unternehmensplanung zunehmend durch. Hier unterscheidet man zwischen Software, die speziell auf ein betriebswirtschaftliches Anwendungsgebiet (beispielsweise Cash Flow Planung, Bilanzplanung oder Gewinn- und Verlustplanung) zugeschnitten ist und frei konfigurierbaren Softwarelösungen. Frei konfigurierbar meint in diesem Kontext, dass sich das System nicht durch einen vordefinierten Inhalt auszeichnet. Vielmehr wird der Planungsprozess individuell im System modelliert, welches meist auf dem OLAP-Ansatz basiert. Wegen der vorherrschenden Individualität des Planungsprozesses haben sich solche Lösungen in der Praxis als überlegen erwiesen. Zur Gruppe der frei konfigurierbaren Systeme gehört die Komponente SAP Business Planung and Simulation, die in das SAP BW 3.5 integriert wurde.

7.1.1 Unternehmensszenario

Ein Verständnis der grundsätzlichen Funktionsweise und Einsatzmöglichkeiten des SAP BW BPS lässt sich anhand unserer folgenden, erweiterten Fallstudie erlangen.

Unternehmensszenario:
Aufgrund der vielfältigen Interdependenzen der einzelnen Planungsbereiche hat sich die Unternehmensleitung der Motorsport AG entschlossen, eine OLAP-basierte Unternehmensplanung einzuführen.
Sie soll mit den Ist-Daten des Vertriebscontrollings integriert werden, wobei auf eine entsprechende Flexibilität für Erweiterungen großen Wert gelegt wird. Inhaltlich soll eine Lösung entwickelt werden, die den gesamten Zyklus von Absatz-, Umsatz-, und Kosten- und Margenplanung bis hin zur Ermittlung des Planergebnisses pro Artikel und Verkaufsbüro ermöglicht.

7.1.2 Planungsprozess

Ausgangspunkt der Planung sind zunächst die länderspezifischen Verkaufspreise der Artikel. Auf dieser Grundlage entwickelt der Vorstand Vorgaben hinsichtlich Umsatzsteigerungen bzw. Kostensenkungen und Margenverbesserungen (Top-Down). Nun besteht die Aufgabe der Leiter der einzelnen Verkaufsbüros darin, die Mengen- und Umsatzplanung der jeweils von Ihnen verantworteten Büros unter Berücksichtigung der regionalen Marktgegebenheiten vorzunehmen. Hierbei sind neben den unterschiedlichen Artikeln auch die unterschiedlichen Vertriebswege mit einzubeziehen. Die Detailplanung wird dann die Erreichbarkeit der zentralen Absatz- und Umsatzvorgaben des Vorstandes berücksichtigen. Auf dieser Basis planen die für die Verkaufsbüros zuständigen Controller die Kosten und die erzielbaren Margen ihrer Regionen (Bottom-Up).

Durch die Aggregation der Regionalergebnisse kann letztendlich das Planergebnis der Motorsport AG automatisch ermittelt und auf die Zielerreichung mit den Vorgaben des Vorstandes überprüft werden.

7.1.3 Ausprägung der Planung

Unsere Fallstudie lässt sich wie folgt in die übliche Planungssystematik einordnen:

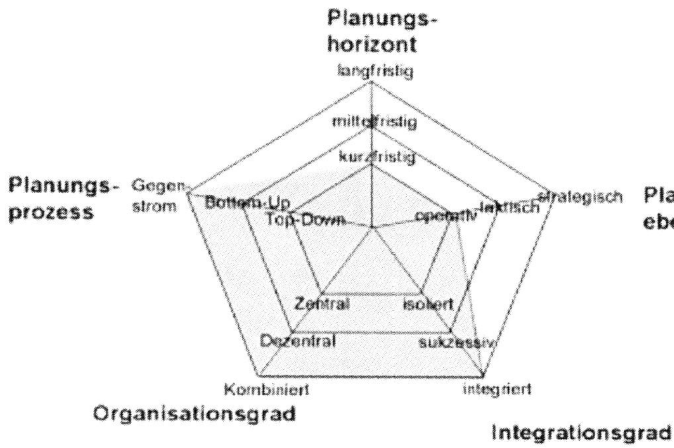

Abb.: Angestrebte Ausprägung des Planungssystems

Inhaltlich soll eine Lösung entwickelt werden, die den gesamten Zyklus von Absatz-, Umsatz-, und Kosten- und Margenplanung bis hin zur Ermittlung des Planergebnisses pro Artikel und Verkaufsbüro ermöglicht.

Ausgangspunkt der Planung sind zunächst die länderspezifischen Verkaufspreise der Artikel. Auf dieser Grundlage entwickelt der Vorstand Top-Down Vorgaben hinsichtlich Umsatzsteigerungen bzw. Kostensenkungen und Margenverbesserungen.

In einem nächsten Schritt besteht die Aufgabe der Leiter der einzelnen Verkaufsbüros darin, die Mengen- und Umsatzplanung der jeweils von Ihnen verantworteten Büros unter Berücksichtigung der regionalen Marktgegebenheiten vorzunehmen. Hierbei sind neben den unterschiedlichen Artikeln auch die unterschiedlichen Vertriebswege mit einzubeziehen. Die Bottom-Up basierte Planung wird dann die Erreichbarkeit der zentralen Absatz- und Umsatzvorgaben des Vorstandes berücksichtigen.
Auf dieser Basis planen die für die Verkaufsbüros zuständigen Controller die Kosten und die erzielbaren Margen ihrer Regionen.
Durch die Aggregation der Regionalergebnisse kann letztendlich das Planergebnis der Motorsport AG automatisch ermittelt und auf die Zielerreichung mit den Vorgaben des Vorstandes überprüft werden.

7.2 Planung mit SAP BW BPS

Das Planungssystem SAP BW BPS operiert direkt auf den Metadaten (InfoObjects und InfoCubes) und Stammdaten, die in der Administrator Workbench des SAP BW definiert werden. Das Besondere im Vergleich zur Datenanalyse ist nun, dass beim Planungsprozess Planungswerte in den InfoCube **zurückgeschrieben** werden.

7.2.1 Transaktionaler InfoCube

Damit häufige Aktualisierungen (kleinerer) Datenmengen performant verarbeitet werden können, wird der InfoCube, auf dem der Planungsprozess durchgeführt wird, als **transaktional** gekennzeichnet.

Der Plancube ist analog zum InfoCube der Vertriebsfallstudie aufgebaut, besitzt aber die Merkmale Sparte, Buchungskreis und Land zusätzlich im InfoCube, damit auf diesen Merkmalen Plandaten gespeichert werden können. Zusätzlich gibt es ein Feld Version zur Unterscheidung von verschiedenen Datenzuständen innerhalb der Planung, die beispielsweise aus unterschiedlichen Planungsrunden entstehen können.

Die Umsetzung des eigentlichen Planungsprozesses manifestiert sich als Zusammenspiel von Eingabemasken zur manuellen Eingabe von Planzahlen und Planungsfunktionen zur maschinellen Bearbeitung der Daten.

In Folgenden möchten wir nun beispielhaft einige Planungsmasken und Planungsfunktionen zeigen. Für eine detaillierte Darstellung sei auf den 2. Band "Unternehmensplanung mit SAP® BW" dieser Reihe verwiesen, das im selben Verlag erschienen ist.

7.2.2 Planung der Verkaufsmengen

Die Planung der Verkaufsmengen durch die Leiter der Verkaufsbüros erfolgt in der folgenden Weboberfläche. Hierbei werden die wichtigen Artikel (Straßenmotorrad, Roller, Motocrossmaschine) mengenmäßig inklusive der Rabatte geplant.

Kennzahlen / Vertriebswege	Plan		Vorgabe		Ist 2004	
Menge Großhandel	500,000	ST	533,431	ST	516,000	ST
Menge Einzelhandel	500,000	ST	553,060	ST	535,000	ST
Menge Internet	520,000	ST	583,037	ST	564,000	ST
Verkaufspreise Großhandel	14 027,00	CHF	14 027,00	CHF	13 552,14	CHF
Verkaufspreise Einzelhandel	15 430,00	CHF	15 430,00	CHF	14 907,36	CHF
Verkaufspreise Internet	14 869,00	CHF	14 869,00	CHF	14 365,27	CHF
Rabatt in % Großhandel	5		10		10	
Rabatt in % Einzelhandel	5		5		5	
Rabatt in % Internet	5		7		7	
Nettoumsatz Großhandel	6 662 824,99	CHF	6 734 168,02	CHF	6 293 614,99	CHF
Nettoumsatz Einzelhandel	7 329 250,01	CHF	8 107 030,55	CHF	7 576 664,05	CHF
Nettoumsatz Internet	7 345 266,00	CHF	8 062 313,02	CHF	7 534 871,97	CHF

Abb.: Planung des Jahresumsatzes je Artikel und Vertriebskanal im Web SAP AG

Die Planung der Artikelgruppen des Zubehörs erfolgt hingegegen wertmäßig in Summe.

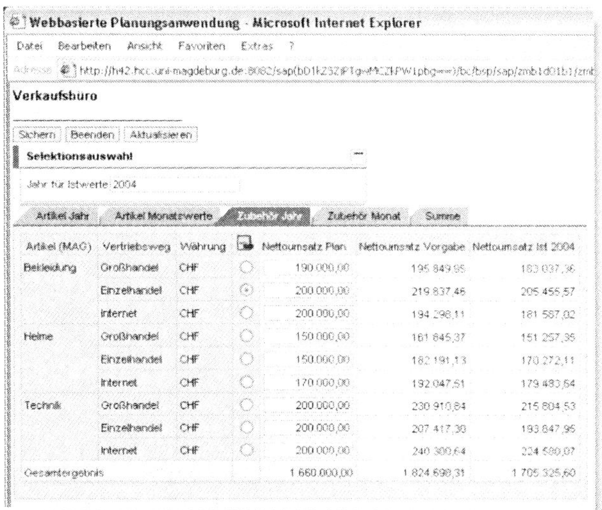

Artikel (MAG)	Vertriebsweg	Währung		Nettoumsatz Plan	Nettoumsatz Vorgabe	Nettoumsatz Ist 2004
Bekleidung	Großhandel	CHF	○	190 000,00	195 849,95	183 037,36
	Einzelhandel	CHF	⦿	200 000,00	219 837,46	205 455,57
	Internet	CHF	○	200 000,00	194 298,11	181 587,02
Helme	Großhandel	CHF	○	150 000,00	161 845,37	151 257,35
	Einzelhandel	CHF	○	150 000,00	182 191,13	170 272,11
	Internet	CHF	○	170 000,00	192 047,51	179 483,54
Technik	Großhandel	CHF	○	200 000,00	230 910,84	215 804,53
	Einzelhandel	CHF	○	200 000,00	207 417,30	193 847,95
	Internet	CHF	○	200 000,00	240 300,64	224 580,07
Gesamtergebnis				1 660 000,00	1 824 698,31	1 705 325,60

Abb.: Planung des Jahresumsatzes je Zubehörgruppe und Vertriebskanal (c) SAP AG

7.2.3 Anwendung von Formeln

Grundsätzlich sind innerhalb des SAP BW BPS mit Formeln bzw. Formelerweiterungen nicht nur Berechnungen zwischen Kennzahlen, sondern auch Berechnungen innerhalb von beliebigen Merkmalen möglich. Darüber hinaus bietet der Formelgenerator FOX (FOrmula eXtension) Sprachelemente, die von prozeduralen Programmiersprachen bekannt sind, nämlich Variablen, Verzweigungen und Schleifen. Dadurch lassen sich beliebige Berechnungen innerhalb des OLAP-Cubes ohne Einsatz von ABAP Programmierung realisieren.

Beispielsweise kann die Berechnung der Marge in einem Unternehmen wie folgt definiert sein.

Marge in % =

[Verkaufspreis
- Verkaufspreis * Rabatt%
- Konzernverrechnungspreis
- Konzernverrechnungspreis * (GK% F&E + GK% Vertrieb + GK% Verwaltung)
- EK F&E – EK Vertrieb – Sonder EK Vertrieb)
]/ Verkaufspreis * 100

GK% = prozentualer Gemeinkostenanteil
EK = Einzelkosten

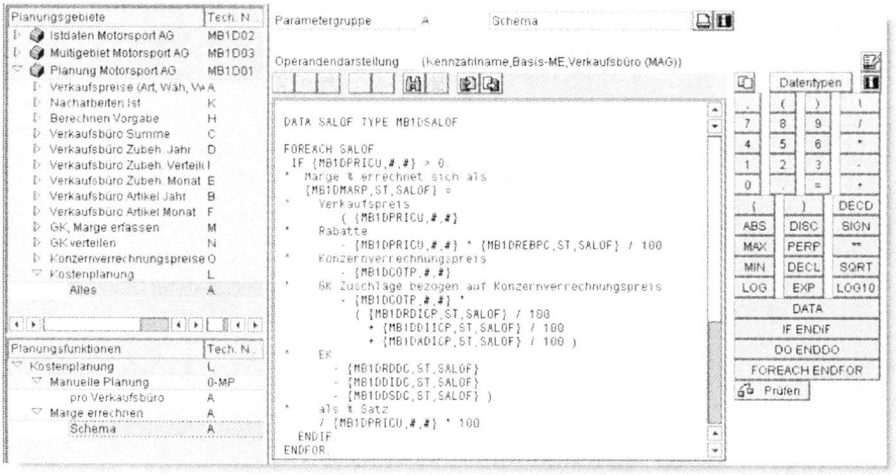

Abb.: Planungsfunktion Marge errechnen vom Typ Formel (c) SAP AG

7.3 Ausblick

Im Band 2 dieser Buchreihe werden verschiedene Planungsprozesse beschrieben und schrittweise im Rahmen der Fallstudie mit SAP BW BPS umgesetzt.

Aus dem Inhalt des Buches: Unternehmensplanung mit SAP BW BPS anhand der Fallstudie Motorsport AG:

- Ausgangssituation
- Top Down Planungsvorgaben
- Bottom-Up Umsatz/ Absatzplanung
- Bottom-Up Kostenplanung
- Ermittlung des Planergebnisses
- Weiterführende Funktionalitäten (User-Exits)
- Ausblick Analytics und BI integrirete Planung mit Netweaver

8 Literaturverzeichnis

8.1 Allgemeine Literatur

Bauer, A.; Günzel, H. (Hrsg.) (2001): Data Warehouse Systeme. Architektur, Entwicklung, Anwendung. 1. Auflage, Heidelberg.

Becker, J.; Holten, R. (1998): Fachkonzeptuelle Spezifikation von Führungsinformationssystemen. In: Wirtschaftsinformatik, 40. Jg., Heft 6, S. 483-492.

Becker, J.; Priemer, J.; Wild, R.G. (1994): Modellierung und Speicherung aggregierter Daten. In: Wirtschaftsinformatik, 36. Jg., Heft 5, S. 422-433.

Behme, W.; Mucksch, H. (1997): Die Notwendigkeit einer entscheidungsorientierten Informationsversorgung. In: Mucksch, H.; Behme, W. (1997b), S. 4-30.

Biethahn, J.; Mucksch, H.; Ruf, W. (1996): Ganzheitliches Informationsmanagement, Band 1; Grundlagen, 4., durchgesehene Auflage, München, Wien.

Chamoni, P.; Gluchowski, P. (Hrsg.) (1998): Analytische Informationssysteme - Data Warehouse, On-Line Analytical Processing, Data Mining, Berlin, u. a.

Chamoni, P.; Zeschau, D. (1996): Management-Support-Systems und Data-Warehousing. In: Mucksch, H.; Behme, W. (1996), S.47-83.

Codd, E.F.; Codd, S.B.; Salley, C.T. (1993): Providing OLAP (On-line Analytical Processing) to User Analysts: An IT Mandate, White Paper, Codd & Date Inc.

Dinter, B.; Sapia, C.; Vrca, M.; Höfling, G. (1997): Der OLAP-Markt, Architekturen, Produkte, Trends. FORWISS – Bayrisches Forschungszentrum für Wissensbasierte Systeme, München.

Fayyad, U. (1996): Data Mining and Knowledge Discovery: Making Sense Out of Data. In: IEEE Expert - Intelligent Systems & Their Application: No. 5.

Gabriel, R. (1997): Strategische Bedeutung der analytischen Informationssysteme. In: Chamoni, P.; Gluchowski, P. (1998), S. 411-420.

Gabriel, R.; Gluchowski, P. (1997): Semantische Modellierungstechniken für multidimensionale Datenstrukturen. In: HMD, Theorie und Praxis der Wirtschaftsinformatik, Jg. 34, Heft 195, S. 18-37.

Gabriel, R.; Gluchowski, P. (1998): Graphische Notationen für die semantische

Modellierung multidimensionaler Datenstrukturen in Management Support Systemen. In: Wirtschaftsinformatik, Jg. 40, Heft 6, S. 493-502.

Gertz, W. (1998): Wird die Suche nach den Schätzen teuer? In: Computerwoche, Heft 14, S. 47.

Gluchowski, P. (1998): Techniken und Werkzeuge zum Aufbau betrieblicher Berichtssysteme. In: Chamoni, P.; Gluchowski, P. (1998), S. 179-200.

Groffmann, H.-D. (1997): Das Data Warehouse Konzept. In: HMD, Theorie und Praxis der Wirtschaftsinformatik, Jg. 34, Heft 195, S. 8-17.

Hahne, M. (2005): SAP Business Information Warehouse, Mehrdimensionale Modellierung, Springer.

Hansen, W.-R. (1997): Vorgehensmodell zur Entwicklung einer Data-Warehouse-Lösung. In: Mucksch, H.; Behme, W. (1997b.), S. 311 – 328.

Heimann, H.-W. (1996): Globales Informationsmanagement dank Data Warehouse und C/S-Middleware. In: Datenbank Fokus, Heft 2, (1996), S. 39-45.

Heinrich, L. J. (2005): Informationsmanagement, 8. Auflage, München, Wien.

Heuer, A. (1997): Neue Anforderungen an Datenbanksysteme im Hinblick auf Data-Warehousing. Tutorium anlässlich der Fachtagung „Datenbanken in Büro, Technik, Wissenschaft" (BTW'97), Ulm.

Holthuis, J. (1997a): Der Aufbau von Data Warehouse-Systemen. Konzeption – Datenmodellierung – Vorgehen. Dissertation, Universität Göttingen.

Holthuis, J. (1997b): Modellierung multidimensionaler Daten - Modellierungsaspekte und Strukturkomponenten, Oestrich-Winkel, Arbeitsbericht European Business School.

Inmon, W. H. (1993a): Building the Data Warehouse. 1. Auflage, New York et al.

Inmon, W. H. (1993b): Impervious to Change. In: Database Programming and Design: 3/1993, S.76-77.

Inmon, W. H. (1993c): Client/Server Anwendungen. Planung und Entwicklung, Berlin/Heidelberg/New York.

Inmon, W. H. (1994): What is a Data-Warehouse? Prism Solutions, Tech Topic, Vol. 1, No. 1, Sunnyvale.

Inmon, W. H. (1996): Building the Data Warehouse. 2. Auflage, New York et al.

Inmon, W. H.; Hackathorn, R. D. (1996): Using the Data Warehouse. Wiley, New York et al.

Kemper, H.-G.; Mehanna, W.; Unger, C. (2005): Business Intelligence - Grundlagen und praktische Anwendung. Vieweg, Wiesbaden.

Kimball, R.; Reeves, L.; Ross, M.; Thornthwaite, W. (1998): The Data Warehouse Lifecycle Toolkit – Expert Methods for Designing, Developing, and Deploying Data Warehouses. 1. Aufl., Wiley, NewYork 1998.

Kimball, R.; Ross, M. (2002): The Data Warehouse Toolkit – The complete Guide to Dimensional Modeling. 2nd edition, Wiley, New York 2002.

Küting, K. (1983): Kennzahlensysteme in der betrieblichen Praxis. Wirtschaftswissenschaftliches Studium (WiSt), Heft 6, Juni 1983, S. 292.

Lehmann, P.; Ellerau, P. (1997a): Implementierung eines Data Warehouse für die Verpackungsindustrie. In: HMD, Theorie und Praxis der Wirtschaftsinformatik, Jg. 34, Heft 195, S. 76-93.

Lehmann, P.; Ellerau, P. (1997b): Definierte Fachbegriffe als kritischer Erfolgsfaktor eines Data Warehouse. In: Reiterer, H.; Mann, T. (1997), S. 169 – 188.

Mertens, P.; Griese, J. (1993): Integrierte Informationsverarbeitung 2, Planungs- und Kontrollsysteme in der Industrie, 7. aktualisierte und überarbeitete Auflage, Wiesbaden.

Messerschmidt, H.; Schweinsberg, K. (2003): OLAP mit dem SQL-Server. Ein Einführung in Theorie und Praxis, dpunkt, Heidelberg.

Mucksch, H.; Behme, W. (Hrsg.) (1996): Das Data Warehouse-Konzept. Architektur - Datenmodelle - Anwendungen. 1. Auflage, Wiesbaden.

Mucksch, H.; Behme, W. (Hrsg.) (1997): Das Data Warehouse-Konzept. Architektur - Datenmodelle - Anwendungen. 2. vollständig überarbeitete und erweiterte Auflage, Wiesbaden.

Mucksch, H.; Holthuis, J.; Reiser, M. (1996): Das Data Warehouse-Konzept: ein Überblick. Wirtschaftsinformatik, 38 Jg.; Heft 4, S. 421 – 433.

Ortner, E. (1997): Methodenneutraler Fachentwurf, Teubner Reihe Wirtschaftsinformatik, Stuttgart, Leipzig.

Pendse, N.; Creeth, R. (1999): The OLAP-Report, Business Intelligence, London, http://www.olapreport.com; 12.2.2000.

Petersen, A. (1996): Entscheidungshilfen für sämtliche Fachbereiche. In: PC Magazin: Heft 39 (1996), S. 70-71.

Pontius, G. (1998): Data Warehouse fordert Anwender und Anbieter. In: Computerwoche Focus vom 29.5.1998, S. 25-26.

Rautenstrauch, C. (1997): Effiziente Gestaltung von Arbeitsplatzsystemen – Konzepte und Methoden des Persönlichen Informationsmanagements. Bonn u. a.

Reuter, A. (1996): Das müssen Datenbanken im Data Warehouse leisten! In: Datenbank Fokus, 5. Jg.; Heft 5, S. 13-17.

Rockart, A.; DeLong, D.W. (1988): Executive Support Systems, Homewood,

Illinoise.
SAP AG (2002): Data Warehousing mit mySAP Business Intelligence. White Paper, Version 1.1.
Scheer, A.-W. (1996): Data Warehouse und Data Mining: Konzepte der Entscheidungsunterstützung. In: Information Management, Heft 1, 1996, S. 74-77.
Spies, R. (1998): Anwender ziehen eine eher ernüchternde Zwischenbilanz. In: Computerwoche, Heft 14, S. 54-56.
Strotz, W; Müller, H.-D. (1998): Das skalierbare Data Warehouse - ein Anwenderbericht. In: Chamoni, P.; Gluchowski, P. (1998), S. 201 – 227.
Totok, A. (2000): Modellierung von OLAP- und Data-Warehouse-Systemen. Dissertation, Technische Universität Braunschweig, Wiesbaden.

8.2 Literatur über SAP BW

Chamoni, P.; Gluchowski, P.; Hahne, M. (2004): Business Information Warehouse, Springer.

Egger, N. (2004): Praxishandbuch SAP BW 3.1, Galileo Press.

Egger, N. (2004): SAP BW Professional, Galileo Press.

Egger, N. (2005): SAP BW - Datenbeschaffung - Der ETL-Prozess mit Stammdaten, Bewegungsdaten und Business Content in BW 3.5: Grundlagen, Galileo Press.

Egger, N.; Fiechter, J.-M.; Rohlf, J. (2004): SAP BW Datenmodellierung. InfoObjects, InfoProvider und Business Content in SAP BW 3.5, Grundlagen, Galileo Press.

Egger, N.; Fiechter, J.-M.; Rohlf, J. (2005): SAP BW - Data Modeling, Galileo Press.

Egger, N.; Fiechter, J.-M.; Rohlf, J. (2005): SAP BW - Reporting und Analyse - Unternehmensweites Berichtswesen mit SAP BW 3.5: Grundlagen, Galileo Press.

Fu, B. (2002): SAP BW, Addison-Wesley Professional.

Hahne, M. (2004): SAP Business Information Warehouse, Springer.

Hashmi, N. (2002): Business Information Warehouse for SAP, Prima Tech.

Khan, A. (2005): SAP and BW Data Warehousing: How to Plan and Implement, iUniverse.

McDonald, K.; Wilmsmeier, A.; Dixon, D. (2002): Mastering the SAP Business Information Warehouse, John Wiley & Sons Inc.

Mehrwald, C. (2005): Datawarehousing mit SAP BW 3.5 - Architektur, Implementierung, Optimierung, Dpunkt Verlag.

8.3 Internet Links zu SAP BW

http://help.sap.com	die Online-Hilfe für SAP BW findet man unter Dokmentation - SAP NetWeaver - Information Integration
http://www.sap.de/bi	Einstiegsseite zum Thema SAP BW mit vielen Präsentationen und White Papers
http://www.sap.de/community	Hier findet man u. a. alle Vorträge der SAP-Kongresse. Es braucht dazu einen (kostenlosen) User-Login.
http://service.sap.com	Der Service-Marketplace von SAP. Unter dem Alias BW gibt es viele White Papers und How-Tos. Ein Kunden-Login ist allerdings dazu notwendig.

8.3.1 Ihre Notizen

Autoren

Prof. Dr.-Ing. Peter Lehmann

Professor für Wirtschaftsinformatik an der Hochschule der Medien Stuttgart und Direktor des IBI. Davor war er Strategieberater für mySAP Business Intelligence bei SAP Systems Integration.

Prof. Dr. Klaus Freyburger

Professor für Wirtschaftsinformatik an der Hochschule Ludwigshafen und Direktor des IBI. Davor war er Entwicklungsleiter SAP BW BPS bei der SAP AG in Walldorf.

Prof. Dr. Andreas Seufert

Professor für Betriebswirtschaftslehre an der Hochschule Ludwigshafen und Direktor des IBI. Davor war er Strategieberater bei Accenture und vollamtlicher Dozent an der Universität St. Gallen.

Autoren

Dipl.- Kfm. Wolfgang Zirn

Practice Unit Manager für Business Intelligence & Analytics bei der SAP (Schweiz) AG. Davor war er Principal Consultant SAP SI America.

Dipl.-Kfm. Sven Grasse

Solution Consultant für Business Intelligence & Analytics bei der SAP (Schweiz) AG.

Dipl.-Wirtsch.-Inf. Christian Suhl

Ist Solution Consultant für Business Intelligence & Analytics bei der SAP (Schweiz) AG.